MATHEMATIKUS 3

Herausgegeben von:
Prof. Dr. Jens Holger Lorenz

Erarbeitet von:
Prof. Dr. Klaus-Peter Eichler
Herta Jansen
Dr. Sabine Kaufmann
Prof. Dr. Jens Holger Lorenz
Angelika Röttger

Illustriert von:
Lila L. Leiber

westermann

Inhaltsverzeichnis

		Zahlen und Operationen	Raum und Form	Muster und Strukturen	Größen und Messen	Daten, Häufigkeit und Wahrscheinlichkeit
1	Wiederholung	•	•	•	•	•
2	Mathemix	•	•	•	•	•
4	Addition	•				
5	Subtraktion	•				
6	Sachrechnen: Multiplikation	•		•		
7	Sachrechnen: Division	•		•		
8	Der Tausenderraum	•		•		
9	Der Tausenderraum – Analogien	•		•		
10	Nachbarhunderter und Nachbarzehner	•				
11	Sprünge im Tausenderraum	•		•		
12	Ergänzen	•				
13	Formen – Kunst		•			
14	Sachrechnen mit dem doppelten Zahlenstrahl	•			•	
15	Analogien	•		•		
16	Multiplikation mit Zehnerzahlen	•		•		
17	Division mit Zehnerzahlen	•		•		
18	Spiegelung – Symmetrie		•			
19	Subtraktionsstrategien	•				
20	Mathemix		•	•		
21	Baumdiagramm					•
22	Sachrechnen: Skizzen und Tabellen als Hilfe	•			•	
24	Parallele Geraden		•	•		
25	Punktrechnung vor Strichrechnung	•				
26	Mathemix	•		•		
27	Häufigkeiten – Zufall					•
28	Sachrechnen: Mitte finden	•		•	•	
29	Sachrechnen: Überschlagen	•			•	
30	Sachrechnen: Zahlenrätsel	•				
31	Falten		•			
32	Additionsstrategien	•	•			
33	Sachaufgaben: Zeit				•	
34	Subtraktionsstrategien	•		•		
35	Mit Waagen wiegen				•	
36	Gewichte vergleichen und messen	•			•	
37	Welche Gewichtssteine benötigst du?	•			•	
38	Mit Gewichten rechnen	•			•	
40	Falten		•	•		
41	Mathemix	•				
42	Kombinieren					•

Erläuterung:
- 1 Arithmetik
- 6 Geometrie
- 30 Größen und Sachrechnen
- 21 Mathemix
- 21 Wiederholung

Seite	Thema	Zahlen und Operationen	Raum und Form	Muster und Strukturen	Größen und Messen	Daten, Häufigkeit und Wahrscheinlichkeit
43	Rechnen mit Klammern	•				
44	Zeitspannen – Sekunde, Minute, Stunde				•	
46	Zeitdauer				•	
47	Wiederholung	•		•		
48	Diagonalen und Spirolaterale		•			
49	Sachrechnen: Eine Aufgabe, mehrere Lösungen	•			•	
50	Diagramme und Tabellen					•
51	Mitte finden	•	•			
52	Addition und Subtraktion	•				
53	Sachrechnen	•			•	
54	Schriftliche Addition	•				
56	Schriftliche Addition	•				
57	Mathemix	•	•	•	•	
58	Liter und Milliliter				•	
59	Sachaufgaben: Menge – Preis				•	
60	Größen schätzen				•	
61	Mathemix	•		•		
62	Planquadrate		•	•		
64	Schriftliche Subtraktion (1): Abziehen	•				
65	Schriftliche Subtraktion (2): Ergänzen	•				
66	Schriftliche Subtraktion – Probe	•				
67	Addition und Subtraktion von Kommazahlen	•			•	
68	Zirkel und Kreis		•	•		
69	Rennen in der Formel 13	•	•		•	
70	Sachrechnen: Informationen aus Texten entnehmen	•			•	
71	Sachrechnen: Fragen stellen, Aufgaben erfinden	•			•	
72	Multiplikation	•		•		
73	Division	•		•		
74	Halbschriftliche Multiplikation	•				•
76	Sachrechnen: Tabellen	•	•		•	
78	Divisionsstrategien	•		•		
79	Überschlagen	•		•		
80	Zeitpunkt – Zeitdauer	•			•	
81	Mathemix	•				
82	Wiederholung: Sprungstrategien	•				
83	Sachrechnen: Operationen finden	•				
84	Würfelbauten – Ansichten und Pläne		•			
85	Wiederholung	•		•		
86	Vergrößern und verkleinern – Maßstab	•	•		•	
87	Teile eines Ganzen	•		•	•	
89	Sachrechnen: Zeit	•			•	
90	Länge – Gewicht – Volumen	•			•	
91	Mathemix		•		•	
92	Halbschriftliche Multiplikation	•				
93	Halbschriftliche Division	•				
94	Rechter Winkel		•		•	
95	Häufigkeiten – Statistik					•
96	Wiederholung	•	•			
97	Sachrechnen: Informationen aus Tabellen entnehmen	•			•	
98	Von Quadratzahlen, Primzahlen und Quersummen	•		•		
100	Palindrome			•		
101	Sachrechnen aus einer Rechenkartei von 1930	•				
102	Addition und Subtraktion	•				
103	Mathemix	•		•		
104	Folgen	•	•	•		
105	Sachrechnen: Entfernungen und Kilometerstände	•			•	
106	Vierlinge und Fünflinge		•			
107	Flächeninhalte		•	•		
108	Mathemix		•	•		
109	Körper und Flächen		•			
110	Körper		•			
111	Körper zeichnen		•			
112	Zeit – Informationen aus Tabellen				•	
114	Geheimschriften			•		
115	Sachrechnen: Textarbeit	•			•	
116	Papier	•			•	
118	Mathemix	•				
119	Mathemix	•		•		
120	Zahlen über 1000	•		•		
122	Mathematik ist überall	•	•	•	•	•

Zeichenerklärung

 Material benutzen

 Aufgaben für Partner- und Gruppenarbeit

 Zum Forschen und Entdecken

 Achtung, es hat sich ein Fehler versteckt oder es gibt keine Lösung.

 Mit Schablone zeichnen

○ Offene Aufgabe, die verschiedene Bearbeitungstiefen zulässt

● Aufgabe mit erhöhtem Schwierigkeitsgrad

M Mathemix

W Wiederholung

Wiederholung

1, 4, 7, 10, ...
19, 29, 39, ...
30, 40, 60, 70, 90, ...
96, 92, 88, ...

Uli putzt sich zweimal am Tag die Zähne. Er ist 9 Jahre alt.

1 · 3	1 · 8
2 · 3	2 · 8
5 · 3	5 · 8
10 · 3	10 · 8
1 · 5	1 · 9
2 · 5	2 · 9
5 · 5	5 · 9
10 · 5	10 · 9

17 + 14	67 − 19
27 + 25	83 − 56
38 + 19	39 − 18
54 + 37	71 − 34
81 + 19	56 − 28

Mathemix

Im mathematischen Hochhaus gibt es viele Zimmer.
Erfindet Namen wie z. B. Zimmer der Malfelder.

Wiederholen des Rechnens im 100er-Raum, Geometrie und Größen.

Addition

Addition
Rechnen mit + heißt addieren.
Das Ergebnis nennt man **Summe**.

48 + 28

Ali

Felix

Wanda

ZE — Ich addiere erst 20 und dann 8, also
48 + 20 = 68 und 68 + 8 = 76.

⌢ — Ich addiere erst bis zum Zehner,
danach addiere ich die Zehnerzahl
und dann noch die restlichen Einer, also
48 + 2 = 50, 50 + 20 = 70 und 70 + 6 = 76.

⌢ — Ich addiere erst 30 und subtrahiere dann 2,
weil ich 2 zu viel addiert habe, also
48 + 30 = 78 und 78 − 2 = 76.

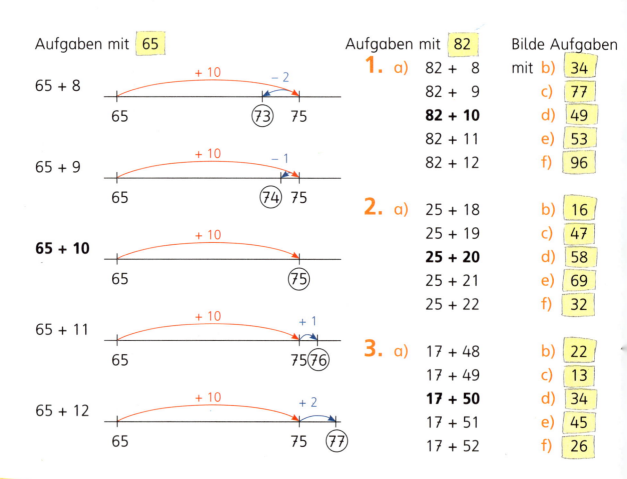

Aufgaben mit 65

65 + 8
65 + 9
65 + 10
65 + 11
65 + 12

Aufgaben mit 82

1. a) 82 + 8
      82 + 9
      82 + 10
      82 + 11
      82 + 12

2. a) 25 + 18
      25 + 19
      25 + 20
      25 + 21
      25 + 22

3. a) 17 + 48
      17 + 49
      17 + 50
      17 + 51
      17 + 52

Bilde Aufgaben
mit b) 34
    c) 77
    d) 49
    e) 53
    f) 96

    b) 16
    c) 47
    d) 58
    e) 69
    f) 32

    b) 22
    c) 13
    d) 34
    e) 45
    f) 26

Sprech- und Schreibweisen bei der Addition.
Verschiedene Strategien.

Subtraktion

Subtraktion
Rechnen mit – heißt subtrahieren.
Das Ergebnis nennt man **Differenz**.

$72 - 36$

Lisa

Björn

ZE — Ich subtrahiere erst 30 und dann 6, also
72 – 30 = 42 und 42 – 6 = 36.

⌒ Ich subtrahiere erst bis zum Zehner,
danach subtrahiere ich die Zehnerzahl
und dann noch die restlichen Einer, also
72 – 2 = 70, 70 – 30 = 40 und 40 – 4 = 36.

⌒ Ich subtrahiere erst 40 und addiere dann 4,
weil ich 4 zu viel subtrahiert habe, also
72 – 40 = 32 und 32 + 4 = 36.

Sue

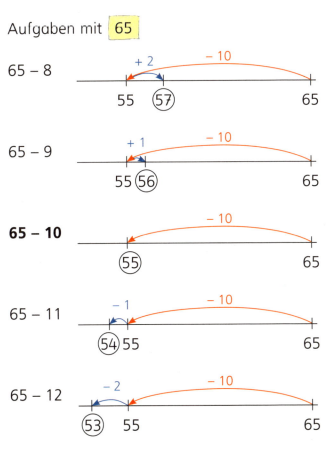

Aufgaben mit 65

65 – 8
65 – 9
65 – 10
65 – 11
65 – 12

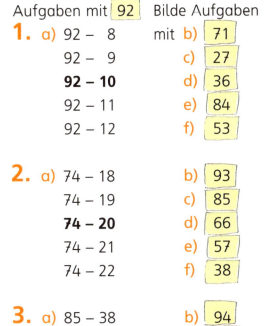

Aufgaben mit 92   Bilde Aufgaben

1. a) 92 – 8   mit b) 71
   92 – 9   c) 27
   92 – 10   d) 36
   92 – 11   e) 84
   92 – 12   f) 53

2. a) 74 – 18   b) 93
   74 – 19   c) 85
   74 – 20   d) 66
   74 – 21   e) 57
   74 – 22   f) 38

3. a) 85 – 38   b) 94
   85 – 39   c) 76
   85 – 40   d) 67
   85 – 41   e) 58
   85 – 42   f) 81

Sprech- und Schreibweise bei der Subtraktion
sowie deren Strategien.

Sachrechnen: Multiplikation

> **Multiplikation** Rechnen mit · heißt **multiplizieren**.
> Das Ergebnis nennt man **Produkt**.

1. Wie viele Flaschen sind es?
6 · 6 =

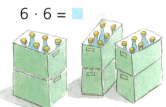

2. Wie viele Fenster sind es?

3. Wie viele Kekse sind es?

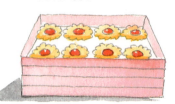

4. Wie viele Buntstifte sind es?

5. Wie viele Teile hat das ganze Puzzle?

6. Wie viele Eier sind es zusammen?

> Eine Skizze hilft dir beim Lösen der Puzzle-Aufgaben.

7. Welat hat ein Puzzle mit 56 Teilen bekommen. Er hat den Rand schon fertig. Wie viele Teile muss er noch puzzeln?

8. Irina hat ein 6 · 4 Puzzle, Claudia ein 8 · 3 Puzzle. Wer hat mehr Randstücke?

9. Holger sammelt quadratische Puzzle. Wie viele Teile können sie haben?

10. Erich hat 20 Randstücke. Wie viele Stücke kann das ganze Puzzle haben? Finde mehrere Möglichkeiten.

Sachrechnen: Division

> **Division**
> Rechnen mit : heißt **dividieren**.
> Das Ergebnis nennt man **Quotient**.

1. 4 Kinder teilen sich die Plätzchen. Wie viele bekommt jeder?

2. Von den 48 Musikern der Kapelle marschieren immer 4 in einer Reihe. Wie viele Reihen gibt es?

Erinnere dich.

$42 : 6 = 7$
$42 = 7 \cdot 6$
$25 : 4 = 6 \text{ R } 1$
$25 = 6 \cdot 4 + 1$

3. Das Riesenrad ist voll besetzt. Insgesamt sind 64 Personen eingestiegen. Wie viele sind in jeder Gondel?

4. Immer 60. Schreibe viele Multiplikations- und Divisionsaufgaben auf. Immer soll 60 herauskommen. Wie viele Aufgaben findest du?

6. 26 Personen wollen einen Ausflug machen. In ein Auto passen immer 4 Personen. Wie viele Autos werden gebraucht?

5.  Micha soll 42 Eier kaufen. Es sind immer 6 in einer Packung. Wie viele Packungen braucht er?

7. Sascha hat ein 26 m langes Seil. Er schneidet 4 m lange Stücke ab. Wie viele solcher 4 m langen Stücke erhält er?

8. 4 Kinder teilen sich 26 Schokoküsse. Wie viele bekommt jeder?

9. 26 Bäume werden in 4 Reihen gepflanzt. In jeder Reihe stehen gleich viele.

Verschiedene Divisionssituationen mit und ohne Rest.

Der Tausenderraum

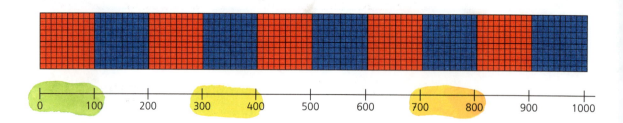

1. Wie heißen die Zahlen?

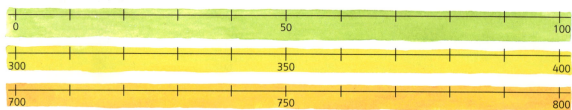

2. Welche Zahlen liegen
   a) zwischen 598 und 604
   b) 897 und 903
   c) zwischen 326 und 332
   d) zwischen 497 und 503
   e) 748 und 756
   f) zwischen 297 und 303
   g) zwischen 699 und 705
   h) 198 und 204
   i) zwischen 888 und 894?

3. Lege im Heft eine Tabelle an und schreibe die markierten Zahlen auf.

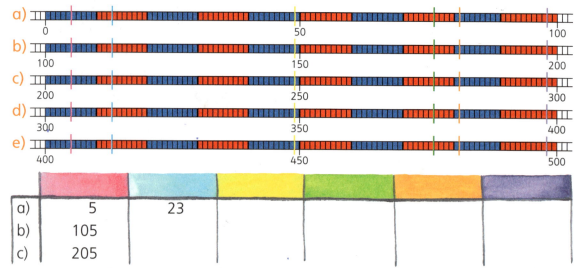

Zahlen bis 1000 am Zahlenstrahl.

Der Tausenderraum – Analogien

Schreibe die Folgen in dein Heft.

3.
a)	b)	c)	d)	e)
73 + 10	47 + 10	84 – 10	51 – 10	38 + 10
173 + 10	147 + 10	184 – 10	151 – 10	138 – 10
473 + 10	447 + 10	684 – 10	351 – 10	438 + 10
873 + 10	447 + 9	784 – 10	351 – 9	638 – 10
973 + 10	947 + 10	784 – 9	851 – 10	938 + 10

4. 353 175 627 469 842 504

a) Addiere zu jeder Zahl 10. b) Addiere zu jeder Zahl 1.
c) Subtrahiere von jeder Zahl 10. d) Subtrahiere von jeder Zahl 1.

5. Setze die Folgen fort.
a) 310, 320, 330, …, 410   b) 410, 420, 430, …, 510   c) 810, 820, 830, …, 910
d) 205, 215, 225, …, 305   e) 605, 615, 625, …, 705   f) 505, 515, 525, …, 605
g) 128, 138, 148, …, 218   h) 712, 722, 732, …, 802   i) 329, 339, 349, …, 419

6.
a)	b)	c)	d)
63 + ☐ = 100	11 + ☐ = 100	48 + ☐ = 100	57 + ☐ = 100
53 + ☐ = 100	77 + ☐ = 100	85 + ☐ = 100	75 + ☐ = 100
23 + ☐ = 100	44 + ☐ = 100	37 + ☐ = 100	30 + ☐ = 100
93 + ☐ = 100	22 + ☐ = 100	21 + ☐ = 100	3 + ☐ = 100

7.
a)	b)	c)	d)	e)
100 – 36	100 – 66	100 – 64	100 – 52	100 – 71
100 – 35	100 – 33	100 – 58	100 – 24	100 – 70
100 – 32	100 – 88	100 – 73	100 – 69	100 – 68
100 – 39	100 – 55	100 – 45	100 – 96	100 – 76

Analogieaufgaben. Schrittweises Zählen.

Nachbarhunderter und Nachbarzehner

1. Welche **Hunderterzahl** ist am nächsten?

Zeichne einen Zahlenstrahl mit den benachbarten Hunderterzahlen, trage die Zahl ein und markiere die Hunderterzahl, die am nächsten ist.

190, 503, 834, 788, 269, 75
712, 12, 376, 465 882, 647

2. Welche **Zehnerzahl** ist am nächsten?

Zeichne einen Zahlenstrahl mit den benachbarten Zehnerzahlen, trage die Zahl ein und markiere die Zehnerzahl, die am nächsten ist.

84, 249, 834, 149, 788, 97,
305, 652, 12, 997, 438, 886

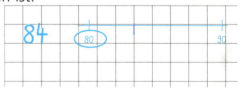

3. Welche Zahlen könnten es sein?
  a) Die Zahl ist vom vorhergehenden Hunderter genau so weit entfernt wie vom nachfolgenden Hunderter.
  b) Die Zahl ist vom vorhergehenden Hunderter neunmal so weit entfernt wie vom nachfolgenden Hunderter.
  c) Die Zahl ist vom vorhergehenden Zehner viermal so weit entfernt wie vom nachfolgenden Zehner.
  d) Die Zahl ist vom vorhergehenden Zehner neunmal so weit entfernt wie vom nachfolgenden Zehner.

Sprünge im Tausenderraum

1. a) Einersprünge

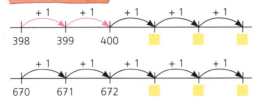 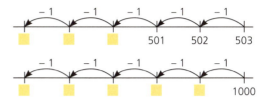

b) Zehnersprünge

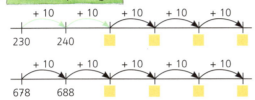 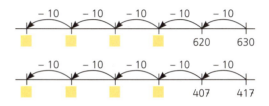

c) Hundertersprünge

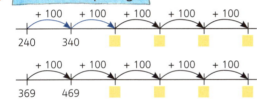 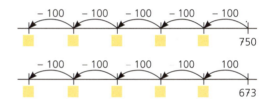

Schreibe die Folgen ins Heft.
Probiere beide Schreibweisen.
Wähle die für dich günstigste.

oder so:

2. Wie heißen die Zahlen?

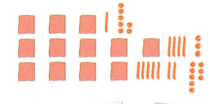 

3. einundzwanzig
zweiunddreißig
dreiundvierzig
vierundfünfzig
fünfundsechzig

neunhunderteins
achthundertzwei
siebenhundertdrei
sechshundertvier

fünfhundertdreiundneunzig
sechshundertvierundachtzig
siebenhundertfünfundsiebzig
achthundertsechsundsechzig
neunhundertsiebenundfünfzig

und zig hundert

Schreibe die Zahlwörter: 653, 807, 137, 173, 777, 888, 999, 111, 212, 666.

Ergänzen

1. Trage die Zahlen auf Zahlenstrahlen in dein Heft ein.
   Ergänze dann bis zum nachfolgenden Hunderter:
   101, 535, 712, 497, 315, 877, 265, 780, 629, 160, 353, 273, 813, 121, 718, 0.

   ```
         +6      +30
   264   270     300        264 + 36 = 300
   ```

2. Trage die Zahlen auf Zahlenstrahlen in dein Heft ein.
   Ergänze dann zu 1000:
   300, 795, 650, 830, 485, 689, 263, 124, 507, 671, 982, 46.

   ```
        +2    +70           +600
   328  330   400            1000

   328 + 2 + 70 + 600 = 1000
   328 + 672 = 1000
   ```

3. Finde heraus, für welche Zahlen folgende Aussagen zutreffen:
   - a) Vom vorhergehenden Hunderter ist es dreimal so weit, wie es bis zum nachfolgenden Hunderter ist.
   - b) Bis zum nachfolgenden Hunderter ist es viermal so weit, wie es bis zum vorhergenden Hunderter ist.
   - c) Vom vorhergehenden Hunderter ist es neunmal so weit, wie es bis zum nachfolgenden Hunderter ist.

4. a) 353 + ■ = 700   b) 424 + ■ = 700   c) 815 + ■ = 900
      678 + ■ = 900   902 + ■ = 1000   531 + ■ = 800

Formen – Kunst

1. Welche Ausschnitte sind nicht aus dem Bild?

a)

b)

c)

d)

e)

Wassily Kandinsky „Spitzen im Bogen"
Wassily Kandinsky wurde am 4. Dezember 1866 in Moskau geboren.
Er studierte und arbeitete auch in Deutschland. Kandinsky starb 1944 in Paris.

2. Finde im Bild verschiedene Formen.

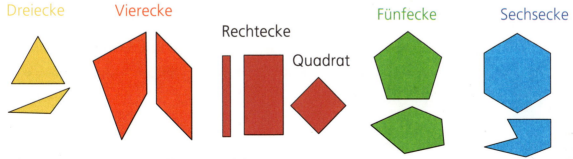

3. Gestalte mit Formen selbst ein Bild.

Sachrechnen mit dem doppelten Zahlenstrahl

1. Britt braucht 16 min um 4 Namensschilder zu schreiben.
Wie lange braucht sie für 14 Namensschilder?

2. Der Eintritt für 5 Kinder kostet 15 €. Wie viel kostet der Eintritt für 13 Kinder?

3. 3 Kisten Saft wiegen 18 kg. Wie viel wiegen 5 Kisten?

4. Theo fährt in 2 Stunden 30 km mit dem Fahrrad.
Wie weit kommt er in 5 Stunden?

5. Erzähle passend weiter. Zeichne dir dazu einen Zahlenstrahl ins Heft.
  a) An zwei Tagen werden 48 Meter Radweg gebaut. ...

  b) In vier Stunden fährt der Lieferwagen 200 km. ...
  c) Drei Säcke Kartoffeln wiegen 75 kg. ...
  d) Drei Eis am Stiel kosten 2,10 Euro. ...
  e) Schreibe selbst Geschichten mit Zahlen.

6. Gibt es hier etwas zu rechnen?
  a) Elena hat 18 Spielzeugautos. Jan ist doppelt so alt wie Elena.
  b) In der ersten Klasse hatte Nico 10 min Schulweg. Jetzt geht er in die dritte Klasse.
  c) Früher hatte Sascha 104 Murmeln. Die Hälfte davon hat er nach und nach irgendwo verloren.
  d) Fünf Wagen für die Spielzeugeisenbahn kosten zusammen 70 Euro.
  e) Opas Gartenzaun wurde schon seit 7 Jahren nicht mehr gestrichen. „Jetzt bin ich 9 und kann dir dabei tüchtig helfen", sagt Anne.
  f) Dem Fuchs schmecken zarte Hühner doppelt so gut wie Mäuse. Am Sonntag hat er 7 Mäuse gefressen.
  g) Vater war 3 Stunden angeln und fing 9 Fische. Opa angelte 6 Stunden.

Proportionale Zuordnung am Zahlenstrahl.

Analogien

3 € + 4 € = 7 €
30 € + 40 € = 70 €
300 € + 400 € = 700 €

1.
5 + 2	7 + 3	4 + 4	9 − 2	6 − 4	8 − 3
50 + 20	70 + 30	40 + 40	90 − 20	60 − 40	80 − 30
500 + 200	700 + 300	400 + 400	900 − 200	600 − 400	800 − 300

2.
60 + 30	500 + 100	900 − 800	40 − 10	50 − 30
400 + 200	30 + 50	800 − 100	300 − 200	400 + 500
80 + 10	700 + 200	70 − 50	80 − 60	90 − 70
300 + 500	200 + 800	50 − 10	500 − 500	40 + 60

3 · 4 € = 12 €   3 · 40 € = 120 €   ▨ · ▨ € = ▨ €

3.
5 · 7	6 · 3	8 · 4	9 · 8	7 · 6	2 · 9
5 · 70	6 · 30	8 · 40	9 · 80	7 · 60	2 · 90

4.
4 · 70	6 · 40	4 · 60	5 · 90	2 · 60	6 · 70
7 · 20	9 · 50	3 · 30	8 · 20	0 · 70	5 · 60
9 · 60	2 · 80	3 · 90	4 · 80	5 · 80	9 · 50
2 · 50	8 · 60	5 · 40	9 · 30	3 · 70	2 · 90
6 · 80	7 · 40	8 · 80	4 · 30	7 · 70	0 · 40

5. Übertrage die Tabellen in dein Heft und setze sie fort. Was fällt dir auf?

·	0	1	2	3	4
2	0	2			
3	0	3			
Summe	0	5			

·	0	1	2	3	4
8	0	8			
5	0	5			
Differenz	0	3			

Analogien bei Addition, Subtraktion und Multiplikation.

Multiplikation mit Zehnerzahlen

10 Reihen · 6 Reiter
60 Reiter · 4 Beine

320 Hufeisen

1. Karl I. berechnet die Anzahl der Beine.

2. Otto I. berechnet die Anzahl der Reihen.

3. Die Knappen üben das Zehnereinmaleins auf Pergament. Übe mit. Notiere im Heft.

1 · 10 = 10	1 · 20	1 · 30	1 · 40	1 · 50	1 · 60	1 · 70	1 · 80	1 · 90
2 · 10 = 20	2 · 20	2 · 30	2 ·	2 ·				
3 ·	3 ·	3 ·						

4. Entziffere die alte Tafel. Schreibe ins Heft.

a) 5 · ⬤ = 450
⬤ · 80 = 640
6 · 70 = ⬤
9 · ⬤ = 270
3 · 30 ⬤ 100

b) 70 · ⬤ = 490
4 · 30 = ⬤
⬤ · 3 = 180
4 · 40 = ⬤
7 · ⬤ = 420

c) 30 · 7 ⬤ 200
80 ⬤ 20 = 4
9 · 70 = 500
100 ⬤ 2 · 50
720 ⬤ 9 · ⬤

M 5. Ein Vater hinterließ seinen drei Söhnen als Erbe 30 kleine gläserne Flaschen. Zehn von ihnen waren voll mit Öl, weitere zehn halb voll mit Öl, die restlichen zehn leer. Wie kann man Öl und Flaschen gleichmäßig auf die drei Söhne verteilen?

6. Ich habe ein großes Stück Tuch, 100 Ellen lang, 80 Ellen breit. Ich will dies in kleine Tücher teilen, jedes fünf Ellen lang und vier Ellen breit. Wie viele Tücher werden entstehen?

Division mit Zehnerzahlen

1. Die Burgfräulein üben das Dividieren mit Zehnerzahlen. Sie wollen alle Reihen schreiben. Macht es ihnen nach.

   90 : 90 = 1
   180 : 90 = 2
   270 : 90 = 3
   360 : 90 = 4

   70 : 70

2. a) 320 : 4   b) 360 : 9   c) 560 : 70   d) 480 : 60
      320 : 40   360 : 90   560 : 80   480 : 8
      320 : 8   360 : 4   560 : 8   480 : 80
      320 : 80   360 : 40   560 : 7   480 : 6

   e) 490 : 7   f) 240 : 8   g) 420 : 6   h) 720 : 8
      490 : 70   240 : 80   420 : 60   720 : 80
      540 : 9   280 : 4   150 : 3   1000 : 5
      540 : 90   280 : 40   150 : 30   1000 : 50

3. a) 630 : 9   b) 180 : 3   c) 270 : 90   d) 420 : 70
      490 : 7   240 : 6   150 : 30   240 : 40
      640 : 8   350 : 7   400 : 80   210 : 70
      720 : 9   160 : 4   450 : 50   300 : 60
      450 : 9   210 : 3   540 : 60   400 : 50

4. 240 : 60 · 50 · 4 : 40 · 6 · 2 : 80 · 90 : 30 · 50 · 2 : 9

5. Eine Skizze hilft dir beim Lösen.
   a) Die Strickleiter hat 12 Sprossen im Abstand von 30 cm.
   b) Die Strickleiter ist 8 m lang. Der Abstand der Sprossen ist 40 cm.

Spiegelung – Symmetrie

Die Spiegelachse nennt man auch Symmetrieachse.

1. Falte ein Quadrat zweimal und schneide so, dass diese Figuren entstehen.

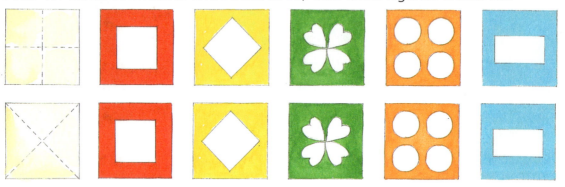

2. Wie viele Symmetrieachsen hat jede dieser Figuren? Lege eine Tabelle an.

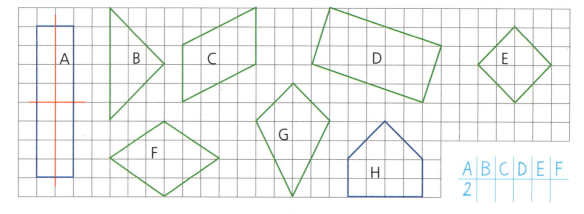

A	B	C	D	E	F
2					

3.

die Hälfte						3 · 4	17		
Zahl	12	38	54	4 · 8					36
das Doppelte					8 · 16			96	

Subtraktionsstrategien

Wie lang ist der Rest des Brettes?

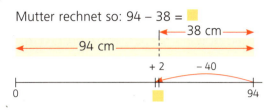

Mutter rechnet so: 94 − 38 = ▢

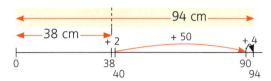

Paul rechnet so: Von 38 bis 94 ist ▢

1. Rechne wie die Mutter.

83 − 49	52 − 29
61 − 39	45 − 17
54 − 18	94 − 69
38 − 29	76 − 58

2. Rechne wie Paul.

94 − 46	53 − 26
63 − 35	86 − 57
45 − 18	71 − 43
32 − 17	47 − 29

3. Wie rechnest du?

36 − 17	28 − 19	51 − 28	74 − 67	29 − 27
65 − 58	93 − 44	79 − 67	97 − 89	53 − 48
52 − 36	74 − 59	87 − 59	43 − 18	91 − 47
46 − 29	31 − 26	48 − 84	84 − 36	72 − 56
81 − 56	66 − 37	62 − 18	32 − 17	63 − 29

4. Die Waagen sind im Gleichgewicht.

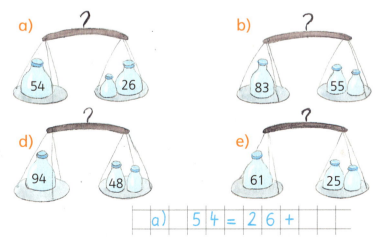

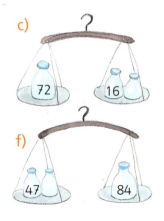

a) 5 4 = 2 6 +

Mathemix

1. Untersuche Folgen am Zehnerkreis: Addiere immer die gleiche Zahl. Starte bei 0 und beachte nur die Einer. Zeichne mit dem Lineal.

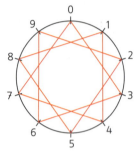
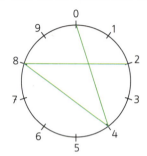
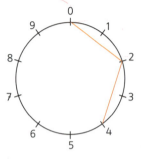

3: 0, 3, 6, 9, 12, 15, …   4: 0, 4, 8, 12, …   2: 0, 2, 4, …

2. Zeichne die Figurenfolgen ab, finde die Regel und setze passend fort.

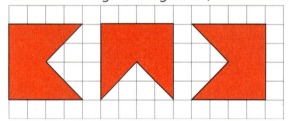

3. Von den fünf gefärbten Bausteinen wurden immer zwei zusammengesetzt. Welche Bausteine stecken in den ungefärbten Bauwerken? Es gibt manchmal mehrere Möglichkeiten. Lege eine Tabelle an.

A   B   C   D   E

a)   b)   c)   d)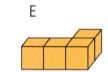

e)   f)   g)

h)    i) 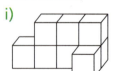   j)

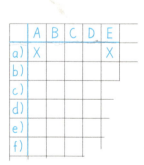

Baumdiagramm

Clown August hat nur rote und blaue Kleidungsstücke. Das **Baumdiagramm** zeigt, wie er sich bekleiden kann.

1. Zeichne, wie es bei Clown Ferdinand ist. Der hat nur einen schwarzen Hut, dafür aber Jacke und Hose in Grün, Gelb und Rot.

2. Augusts Sohn Ole baut in der Pause Türme aus roten und blauen Würfeln. Baue, skizziere und lege eine Tabelle an.
a) Wie viele verschiedene Türme mit 3 Etagen gibt es?
b) Wie viele verschiedene Türme mit 4 und mit 5 Etagen gibt es?
c) Wie viele Möglichkeiten werden es, wenn Ole noch gelbe Würfel benutzt?

3. Ole hat zum Geburtstag ein Kinderfahrrad mit Nummernschloss als Geschenk bekommen. Er hat beim Schloss die Ziffern 5, 6, 7 und 8 gewählt. Doch weil er noch klein ist, vergisst er immer mal die richtige Reihenfolge der Ziffern. Nur die 5 als erste Zahl vergisst er nie. Wie oft muss er dann schlimmstenfalls probieren?

4. Die Primaballerina liebt die Abwechslung. Sie färbt ihr Haar jeden Tag aufs Neue. Sie nimmt Blond, Feuerrot, Blau, Schwarz oder ein leuchtendes Grün. Dann steckt sie sich entweder die goldene, die rote oder die gelbe Spange ins Haar. Zum Schluss wählt sie entweder das kurze schwarze oder das lange weiße Kleid aus. Kann sie so an jedem Tag des Monats anders auftreten?

Sachrechnen: Skizzen und Tabellen als Hilfe

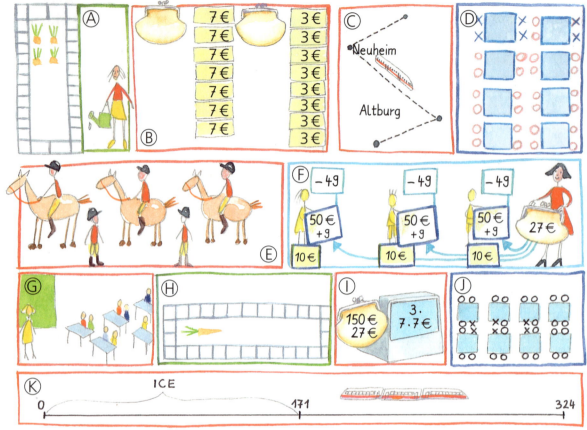

Welche Skizzen gehören zu welchen Aufgaben? Welche sind günstig?

1. In der Klasse stehen 8 Tische für je 4 Kinder. Wenn alle Kinder da sind, dann bleiben 6 Plätze frei.

2. Die Klasse macht einen Ausflug von Neuheim nach Altburg. Insgesamt fahren sie 324 km, davon 171 km mit dem ICE.

3. Fritz, Susi und Pia haben jeder 50 Euro. Jeder kauft sich 7 Tageskarten für das Erlebnisbad. Eine einzelne Karte kostet 7 Euro. Mutter schenkt ihnen zusammen noch 27 Euro. Wie viel hat dann jeder noch?

4. Bäuerin Feldmanns Gemüsegarten ist 13 m lang und 4 m breit. Sie legt eine Reihe Platten um den Garten, jede Platte ist 1 m lang und 1 m breit.

5. Tina kauft 7 Tageskarten für je 7 Euro, ihr Bruder Toni 8 Abendkarten für je 3 Euro.

6. a) Sandra hat 54 Euro gespart.
Davon will sie Reitstunden nehmen.
Wie viele Stunden kann sie nehmen?
Probiere mit Hilfe der Tabelle.

einzeln		in der Gruppe	

b) Mutter, Vater, Sandra und Sven Clausen wollen 10 Tage Urlaub auf dem Bauernhof verbringen. Was kostet das?

c) Sandra möchte in der ersten Woche jeden Tag zwei Stunden Einzelunterricht und eine Stunde Gruppenunterricht nehmen.

d) Sven nimmt mit seinem Vater an jedem Tag zwei Stunden Gruppenunterricht.

e) Familie Clausen beschließt, noch 4 Tage länger zu bleiben.

7. a) Welche Koppel ist am größten?
Wie lang ist der Zaun jeder Koppel?

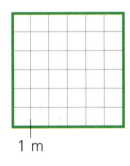
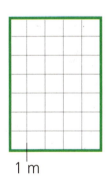

b) Die Weide für die Ponys ist rechteckig. Sie ist 18 m lang und 14 m breit. Wie lang ist der Zaun? Zeichne eine Skizze.

c) Der Zaun der Ponyweide hat immer nach 1 m einen Holzpfahl. Wie viele Pfähle hat Bauer Meyer gesetzt?

Zeichne! Welche Koppel ist am größten?

d) Nach zwei Wochen ist das Gras abgefressen und Bauer Meyer zäunt eine neue rechteckige Weide ein. Dazu nimmt er einen 82 m langen Drahtzaun.

Mache eine Tabelle:

Länge	1	2	...		
Breite	40	39			

Skizzen und Tabellen zu Sachaufgaben. Längen und Flächen.

Parallele Geraden

Parallele Geraden schneiden einander nie.

1. Suche in den drei Zeichnungen parallele Geraden.

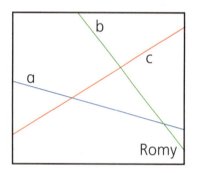
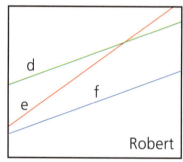
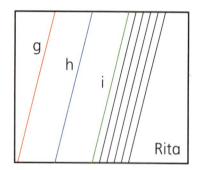

2. Suche im Klassenzimmer zueinander parallele Geraden.

3. Falte ein Blatt Papier so, dass viele parallele Geraden entstehen.

4. So kannst du eine zu g parallele Gerade zeichnen.

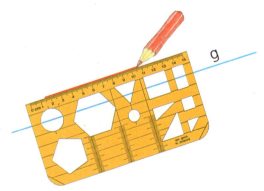

5. Erfinde und zeichne Muster.

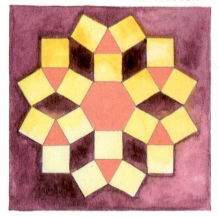

Punktrechnung vor Strichrechnung

Wer hat richtig gerechnet?

6 + 4 · 5 + 2 = 70
6 + 4 · 5 + 2 = 52
6 + 4 · 5 + 2 = 28
6 + 4 · 5 + 2 = 34

· und : haben nämlich Vorfahrt!

Natürlich ich!

Erst **Punkt**rechnung (· und :), dann **Strich**rechnung (+ und –).

| 8 · 4 + 2 | 8 + 4 · 2 |
| 32 + 2 = 34 | 8 + 8 = 16 |

| 8 : 4 – 2 | 8 – 4 : 2 |
| 2 – 2 = 0 | 8 – 2 = 6 |

1. a) 12 + 4 · 3 = 24
12 · 4 – 3
12 – 4 · 3
12 · 4 + 3

Lösungen: 0   24   45   51

b) 24 + 6 : 3
24 : 6 – 3
24 – 6 : 3
24 : 6 + 3

Lösungen: 26   22   1   7

c) 18 – 3 · 6
18 : 3 + 6
18 : 3 – 6
18 + 3 · 6

Lösungen: 0   12   36   0

d) 21 : 7 – 3
21 + 7 · 3
21 – 7 · 3
21 : 7 + 3

Lösungen: 42   0   6   0

2. a)

4 · 7 – 3 = 25

3. Setze die Rechenzeichen +, –, ·, : so ein, dass richtige Aufgaben entstehen.

a) 8 + 5 · 3 = 23
2 ● 9 ● 4 = 14
7 ● 4 ● 8 = 39
9 ● 3 ● 7 = 10

b) 6 ● 2 ● 1 = 8
8 ● 4 ● 7 = 39
9 ● 5 ● 3 = 24
1 ● 6 ● 5 = 11

c) 7 ● 3 ● 5 = 26
4 ● 2 ● 8 = 1
6 ● 5 ● 4 = 26
9 ● 3 ● 5 = 24

d) 4 ● 6 ● 9 = 19
8 ● 8 ● 2 = 12
2 ● 3 ● 4 = 24
9 ● 4 ● 2 = 11

Mathemix

1. Rechne geschickt.

a) 37 + 14 + 3 + 16 = ◼
21 + 15 + 15 + 9 = ◼
8 + 12 + 7 + 13 = ◼
20 + 20 + 30 + 30 = ◼
19 + 21 + 28 + 32 = ◼

b) Vergleiche die Summen mit den Produkten der rechten Aufgaben.

4 + 5 + 6 = ◼   3 · 5 = ◼
7 + 8 + 9 = ◼   3 · 8 = ◼
5 + 6 + 7 = ◼   3 · ◼ = ◼
10 + 11 + 12 = ◼   ◼ · ◼ = ◼

2. Erfinde Aufgaben zu den Antwortsätzen.

- Ella ist jetzt 12 Jahre.
- Clara hat 57 Seiten gelesen.
- Ella wiegt 45 kg.
- Ben ist 15 cm größer als Udo.
- Der Zug fährt um 15.03 Uhr ab.
- Der Film dauert 1 h 42 min.
- Jana bekommt 42 Euro zurück.

3.

Kreis 1: Mitte 24; 1, 3, 8, 1
Kreis 2: Mitte 24; 6, 7, 4, 2
Kreis 3: Mitte 24; 6, 5, 1, 6
Kreis 4: Mitte 24; 1, 8, 3, 9
Kreis 5: Mitte 24; 8, 6, 1, 2

4. Kuckuckseier! Welche Zahl passt nicht?

Die 36 gehört nicht zur 7er-Reihe.

Die 9 ist eine ungerade Zahl.

Die 24 ist keine Quadratzahl.

↻ Denke dir eigene Reihen mit Fehlern aus. Dein Partner soll sie finden und begründen.

5.

167 €

567 €

6. Die 924 Schüler einer Schule machen einen Ausflug. Es passen immer 42 Schüler in einen Bus.

7. 768 Apfelsinen werden in Kisten verpackt, immer 9 in eine Kiste. Wie viele bleiben übrig?

Häufigkeiten – Zufall

Bastelt verschiedene Kreisel. Nehmt dazu

① eine etwa 2 cm dicke Scheibe von einem Korken,

② eine runde Pappscheibe,

Das Korkstück wird in die Mitte der Scheibe geklebt.

③ und einen Holzstab, der durch die Scheibe und den Kork gesteckt wird (vorbohren!).

Rot	|||||	Rot		Rot	
Blau			Blau		Blau	
Gelb	|||	Gelb		Gelb	

Rot!

1. Experimentiert mit verschiedenen Scheiben.
Welche Farbe kommt am häufigsten?
Welche Farbe kommt selten?
Gibt es dafür eine Erklärung?

2. a) Würfle mit 2 Würfeln. Bilde die Differenz.
Lege eine Strichliste an.

Differenz	0	1	2	3	4	5	6
Anzahl							

b) Wie oft ist die Differenz 0, wenn du 20 Mal würfelst?
c) Wie oft fallen die anderen Differenzen?

Sachrechnen: Mitte finden

1. Jörn hat 36 Euro. Er möchte sich Inlineskates für 76 Euro kaufen. Seine Oma will ihm die Hälfte des noch fehlenden Geldes schenken.

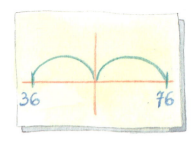

2. Gero ist 7 Jahre älter als sein Bruder Sven. In einem Jahr ist Sven genau halb so alt wie Gero.

3. Rosa und Ulla haben zusammen 48 Kastanien gesammelt. Damit sie beide gleich viel haben, muss Ulla 6 Kastanien an Rosa abgeben.

4. Fiona wird in 10 Jahren halb so alt sein, wie ihre Mutter heute ist. Die Mutter ist dann 46 Jahre alt.

5. Tonia hat einen Papierstreifen, der 96 cm lang ist. Wenn sie ihn viermal faltet, wie lang ist er dann?

6. Julius und Willi haben zusammen 36 Murmeln gewonnen. Julius hat nur halb so viele wie Willi.

7. Finde die fehlenden Zahlen. Die Mitte kann dir helfen.

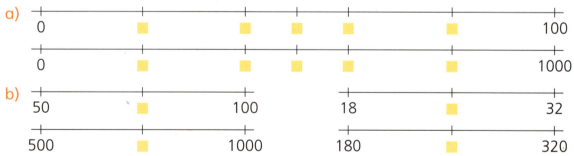

8. Freya hat von Omi Bonbons bekommen. Die Hälfte schenkte sie ihrer Schwester Loretta. Dann gab sie 8 Bonbons Ben. Den Rest teilte sie noch mit ihrer Freundin. Jetzt hat sie selbst nur noch 3 Bonbons.

Sachrechnen: Überschlagen

1. Wie viel kostet es ungefähr?

50 €   100 €   90 €   140 €   30 €

a) b) c) d) e) f)

2. Katrin hatte 49 €, Jens hatte 90 € und Michaela hatte 75 €. Jeder hat fast alles Geld ausgegeben.
Was können die Kinder gekauft haben?

3. Pia hat mit 100 € bezahlt. Was hat sie gekauft, wenn sie
a) 37,02 €   b) 90,02 €   c) 74,35 €   d) 52,85 €
zurückerhält?

4. Reichen 50 €?

Sachrechnen: Zahlenrätsel

1. Die Klasse 3b kann in der Sportstunde sowohl in drei als auch in vier gleich große Gruppen aufgeteilt werden. Zum Aufteilen in fünf gleich große Gruppen ist in der Klasse ein Kind zu wenig. Wie viele Kinder hat die Klasse 3b?

2. Beim Wettlauf hat Tina kurz vor dem Ziel Sandra überholt, die an zweiter Stelle lag. An welcher Stelle ist Tina nun?

4. In eine Grundschule gehen insgesamt 210 Kinder. Es sind 10 Mädchen mehr als Jungen. Wie viele Jungen sind es?

3. Vor dem 50-m-Lauf stellen sich alle Kinder der dritten Klassen am Start in Dreierreihen auf. Tom steht genau in der Mitte. Er steht in der zehnten Reihe von vorn und in der zehnten Reihe von hinten. In keiner Reihe fehlt ein Kind. Wie viele Kinder stehen am Start?

5. Alle 210 Kinder dieser Schule fahren mit ihren 12 Lehrerinnen und Lehrern und noch 8 Eltern in die Jugendherberge. Ein Bus hat 59 Sitzplätze. Wie viele Busse muss die Rektorin bestellen?

6. Übertrage ins Heft. Beginne mit der Startzahl und addiere immer die Additionszahl. Wenn du alle Zahlen addierst, erhältst du die Zielzahl.

Additionszahl + 4 | 2 | 6 | 10 | 14 | 18 | Zielzahl: 50
a) Additionszahl + 3 | 7 | | | | | Zielzahl:
b) Additionszahl + 5 | 0 | | | | | Zielzahl:
c) Additionszahl + 5 | | | | | | Zielzahl: 100
d) Additionszahl + ■ | | | | 16 | 18 | Zielzahl:
e) Additionszahl + ■ | 3 | | 11 | | | Zielzahl:

● f) Erkläre, wie man ganz schnell die Zielzahl finden kann.

Falten

Beschreibe, wie du faltest.

Goldene Faltregeln

Verwende beim Falten eine gerade und feste Unterlage.

Falte nicht in der Luft.

Achte auf die Reihenfolge.

Falte immer genau Ecke auf Ecke und Kante auf Kante.

Ziehe jeden Knick mit dem Daumennagel nach.

Lege das Faltblatt nach jedem Schritt so vor dich hin, wie du es auf der Anleitung siehst.

Wenn es einmal nicht so recht gelingen will, falte auf und prüfe ganz in Ruhe jeden Faltschritt.

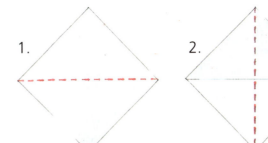

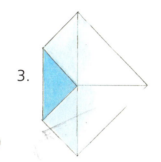
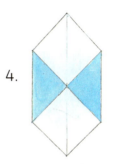

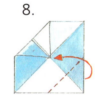

9. dann umdrehen

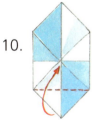
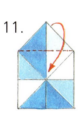

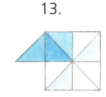
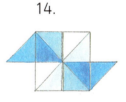

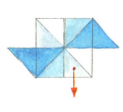
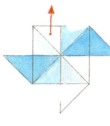

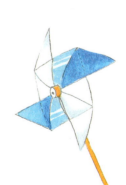

Faltanleitung lesen. Nach der Faltanleitung arbeiten.

Additionsstrategien

Inga muss noch 199 Seiten lesen, um zu wissen, wie die Geschichte endet.

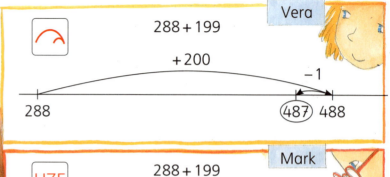

1. Wie rechnest du?
a) 557 + 297
b) 338 + 391
c) 407 + 498
d) 268 + 195
e) 762 + 167
f) 625 + 275

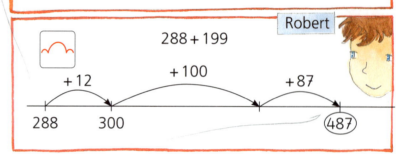

M 2. Wie viele Würfel fehlen jeweils zum nächstgrößeren Quader? Entscheide erst, dann baue zur Kontrolle.

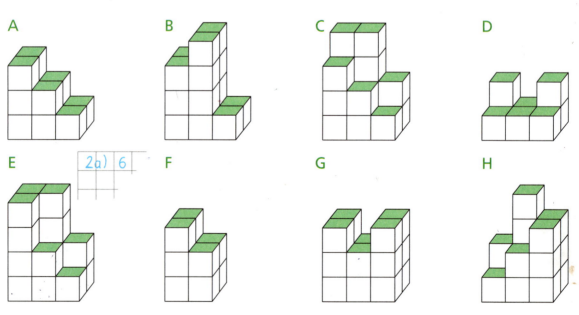

2a) 6

Sachaufgaben: Zeit

Die Zwillinge Lisa und Max planen einen Spielenachmittag. Sie haben von 16 bis 19 Uhr 8 Kinder eingeladen. Also brauchen sie 10 Stühle, einen großen Tisch und viele Spiele.

„Oh je", sagt die Mutter, „das wird knapp, wir haben nur 8 Stühle."

„Ach, das wird schon gehen", meint Lisa, „manche Kinder kommen später und einige gehen eher. Komm Max, wir machen uns einen Stuhlplan, damit wir Bescheid wissen."

Wie könnte der wohl aussehen? Macht Vorschläge.

Lisa und Max sind natürlich die ganze Zeit da.

Das Monster hat leider keine Zeit.

Daniel muss um 15.45 Uhr zum Zahnarzt. Er wird eine Stunde fehlen.

Susi muss um 17.30 Uhr mit ihrem Hund Gassi gehen. Das dauert eine halbe Stunde.

Anna darf die ganze Zeit bleiben.
Die kleine Dora wird um 18 Uhr von ihrer Mutter abgeholt.

Kevin muss um 16.30 Uhr zum Geigenunterricht. Er kommt aber nach einer Stunde wieder.

Anit hat noch Fußballtraining. Er kann erst um 16.30 Uhr kommen.

Kati muss die 1. Stunde auf das Baby aufpassen, Udo die letzte Stunde.

Sachkontexte im Zusammenhang mit der Zeit.
Sachkontexte strukturieren und Lösungen finden.

Subtraktionsstrategien

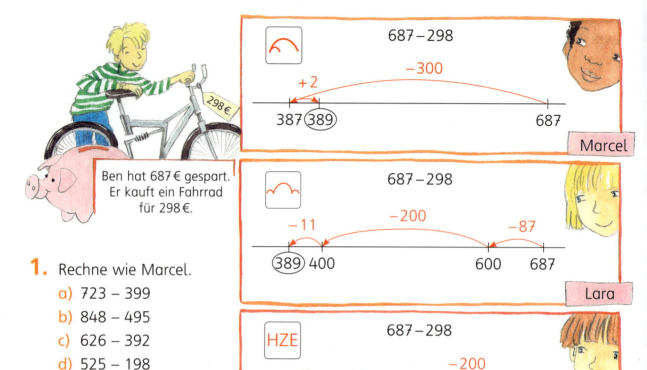

Ben hat 687 € gespart. Er kauft ein Fahrrad für 298 €.

1. Rechne wie Marcel.
a) 723 − 399
b) 848 − 495
c) 626 − 392
d) 525 − 198
e) 918 − 497
f) 756 − 299
g) 712 − 396
h) 927 − 199

2. Rechne wie Lara.
a) 657 − 378
b) 425 − 275
c) 316 − 122
d) 578 − 182
e) 716 − 499
f) 464 − 272

3. Rechne wie Felix.
a) 508 − 326
b) 992 − 599
c) 673 − 482
d) 728 − 253
e) 329 − 138
f) 417 − 356

4. Wie rechnest du?
a) 548 − 261
b) 817 − 498
c) 435 − 271
d) 708 − 299
e) 663 − 273
f) 480 − 395

5. a) $\dfrac{6 \cdot 18}{6 \cdot 10}$ $\dfrac{6 \cdot 18}{6 \cdot 20}$
      $6 \cdot 8$ $6 \cdot 2$

b) $\dfrac{7 \cdot 19}{7 \cdot 10}$ $\dfrac{7 \cdot 19}{7 \cdot 20}$
   $7 \cdot 9$ $7 \cdot 1$

c) $\dfrac{8 \cdot 38}{8 \cdot 30}$ $\dfrac{8 \cdot 38}{8 \cdot 40}$
   $8 \cdot 8$ $8 \cdot 2$

Mit Waagen wiegen

Tafelwaage

Küchenwaage

Babywaage

Schüler-Balkenwaage

Kofferwaage

1 g

2 g

15 g

50 g

100 g   250 g

500 g   1 kg

Federwaage

Apotheker-Balkenwaage

Briefwaage

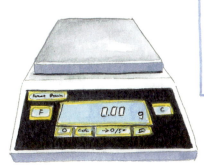
Elektronische Waage

Personenwaage

10 kg   100 kg

Verschiedene Waagen kennen lernen.

Gewichte vergleichen und messen

1. Wiegt Dinge aus dem Klassenzimmer. Benutzt verschiedene Waagen.

1 kg = 1000 g
1 Kilogramm sind 1000 Gramm

2. a) 1 kg – 700 g = 300 g
1 kg – 70 g
1 kg – 7 g

b) 1 kg – 300 g
1 kg – 30 g
1 kg – 3 g

c) 1 kg – 400 g
1 kg – 40 g
1 kg – 4 g

3. a) 1 kg – 300 g
1 kg – 600 g
1 kg – 900 g
1 kg – 400 g
1 kg – 100 g

b) 1 kg – 340 g
1 kg – 360 g
1 kg – 330 g
1 kg – 390 g
1 kg – 320 g

c) 1 kg – 582 g
1 kg – 371 g
1 kg – 495 g
1 kg – 678 g
1 kg – 284 g

4. Ordne der Größe nach.

a) 400 g   48 g   4 kg   680 g   480 g

b) 20 kg   2000 g   2 kg 400 g   2 kg 50 g

c) 3000 g   3 kg 10 g   31 kg   3100 g

d) 50 g   500 g   5 kg   5500 g   5 kg 5 g

Erfahrungen mit Gewichten und den Einheiten kg und g machen.
Subtraktion von 1000 bei kg und g.

Welche Gewichtssteine benötigst du?

5. Zeichne die Tabelle ins Heft und trage ein.

a) 360 g b) 410 g c) 550 g d) 140 g e) 495 g f) 310 g

g) 520 g h) 220 g i) 260 g j) 135 g k) 345 g l) 240 g

	500 g	200 g	100 g	100 g	50 g	20 g	10 g	10 g	5 g	2 g	2 g	1 g
a)		X	X		X		X					
b)												

6. Bilde Sätze zu: „ist schwerer als" und „ist leichter als".

Der Elefant …	Die Federmappe …	Das Heft …
Der Stuhl …	Die Schultasche …	Das Lineal …
Der Bleistift …	Die Flasche …	Das Butterbrot …

7. Die Mobile hängen im Gleichgewicht. Wie schwer ist jedes Teil?

a) b)

8. Wandle um.

a) 2300 g = 2 kg 300 g b) 5400 g c) 1600 g
 2800 g 5440 g 1060 g
 3700 g 5040 g 1006 g
 3750 g 5004 g 1066 g
 3075 g 5404 g 1606 g

Gewichtssteine addieren. Umwandlungen.

Mit Gewichten rechnen

1. a) Kim braucht zum Kuchenbacken 475 g Mehl.
   In der angefangenen Tüte sind noch 390 g.
   b) Dominik möchte zwei Brote backen.
   Er braucht für das erste Brot 650 g Mehl und für das zweite Brot 450 g Mehl.
   c) Julia hat zwei angefangene Mehltüten.
   In der ersten Tüte sind noch 360 g Mehl, in der zweiten Tüte 180 g.
   Sie möchte Plätzchen backen und braucht dafür 500 g Mehl.

2. Wie viel Mehl wurde herausgenommen?

1 kg − <u>470 g</u> = 530 g

− 70 g , − 400 g
530 g 600 g   1000 g

a) 1 kg − ■ = 550 g
   1 kg − ■ = 720 g
   1 kg − ■ = 330 g
   1 kg − ■ = 480 g
   1 kg − ■ = 960 g

b) 1 kg − ■ = 460 g
   1 kg − ■ = 280 g
   1 kg − ■ = 370 g
   1 kg − ■ = 610 g
   1 kg − ■ = 190 g

c) 1 kg − ■ = 920 g
   1 kg − ■ = 840 g
   1 kg − ■ = 790 g
   1 kg − ■ = 680 g
   1 kg − ■ = 510 g

3. Ist in den beiden angefangenen Tüten mehr oder weniger Mehl als in einer vollen Tüte (> oder <)?

a) 360 g + 650 g > 1 kg
   470 g + 450 g ● 1 kg
   860 g + 190 g ● 1 kg
   520 g + 510 g ● 1 kg
   760 g + 140 g ● 1 kg

b) 280 g + 490 g ● 1 kg
   680 g + 410 g ● 1 kg
   570 g + 380 g ● 1 kg
   460 g + 590 g ● 1 kg
   340 g + 750 g ● 1 kg

c) 475 g + 675 g ● 1 kg
   384 g + 598 g ● 1 kg
   867 g + 263 g ● 1 kg
   597 g + 362 g ● 1 kg
   735 g + 149 g ● 1 kg

d) 351 g + 496 g ● 1 kg
   623 g + 410 g ● 1 kg
   987 g + 146 g ● 1 kg
   376 g + 388 g ● 1 kg
   488 g + 591 g ● 1 kg

Größer oder kleiner?
Sachaufgaben.

4. Wir brauchen für ein Brot 500 g Mehl. Wie viel Mehl fehlt noch?

346 g + 154 g = 500 g
157 g + ☐ = 500 g
483 g + ☐ = 500 g
203 g + ☐ = 500 g
576 g + ☐ = 500 g

164 g + ☐ = 500 g
389 g + ☐ = 500 g
261 g + ☐ = 500 g
428 g + ☐ = 500 g
 85 g + ☐ = 500 g

5. Schätze das Gewicht. Zeichne die Tabelle ins Heft und ordne zu.

~ 5 g	~ 100 g	~ 1 kg	ab 100 kg
Münze	...	...	...

6. Die Waage ist im Gleichgewicht.

a) 🟡 = 100 2 2 ; 🟡 wiegt ____ g

b) 100 10 = 🟡🟡 ; 🟡 wiegt ____ g

c) 🔴🔴🔴 = 🟡 ; 🟡 = 200 100 50 10 ; 🟡 wiegt ____ g 🔴 wiegt ____ g

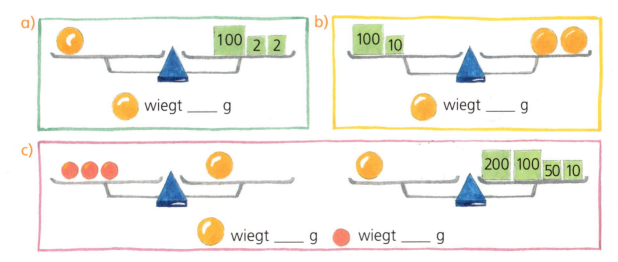

Falten

1. Beschreibe, wie du faltest.

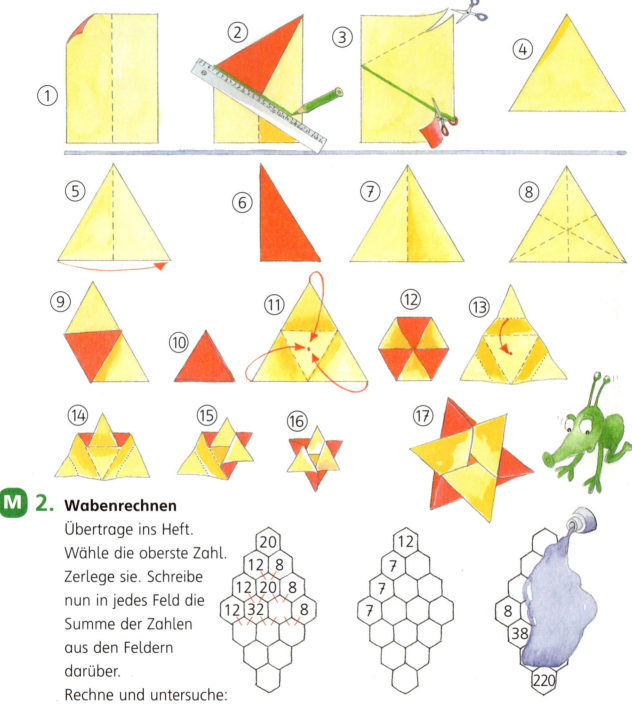

M 2. Wabenrechnen

Übertrage ins Heft.
Wähle die oberste Zahl.
Zerlege sie. Schreibe
nun in jedes Feld die
Summe der Zahlen
aus den Feldern
darüber.

Rechne und untersuche:
a) Wenn die obersten Zahlen gleich sind, dann …
b) Wenn die oberste Zahl um 5 größer wird, dann …
c) Wenn die unterste Zahl 99 ist, dann …

Mathemix

1. ⑦ ④ ②

a) Bilde alle 3-stelligen Zahlen, die mit diesen Plättchen möglich sind.
724, 427, …

b) Ordne sie nach der Größe.
247, 274, …

2. ⑥ ④ ⑨ ⑤

a) Bilde alle 3-stelligen Zahlen, die mit diesen Plättchen möglich sind.
659, 465, …

b) Ordne sie nach der Größe.
456, 459, …

3. ① ② ③ ④ ⑤ ⑥ ⑦ ⑧ ⑨

Lege so, dass du möglichst nahe an die mittlere Zahl kommst. Notiere im Heft.

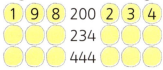
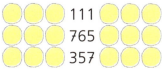
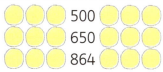

4. ① ② ③ ④ ⑤ ⑥ ⑦ ⑧ ⑨

Wählt immer 2 Plättchen aus. Bildet die beiden möglichen Zahlen. Subtrahiert dann die kleinere von der größeren Zahl.

Beispiel: ⑦ ③   73 − 37 = ■

Bildet möglichst viele Aufgaben.
Betrachtet die Ergebnisse. Was fällt euch auf?
Könnt ihr auch ohne Ausrechnen die Ergebnisse feststellen?
Tipp: Sortiert die Aufgaben nach den Ergebnissen.

5. Rechne im Heft. Fällt dir etwas auf?

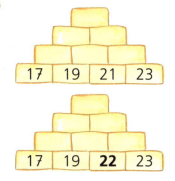

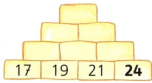

Was passiert, wenn die Randsteine (die mittleren Steine) um 1 erhöht werden?

Kombinieren

1. Wie oft drücken die Kinder die Hände?

2. Wie viele Strecken entstehen, wenn man jeden Punkt mit jedem anderen Punkt verbindet? Probiere und lege eine Tabelle an. Beschreibe, wie sich die Anzahl ändert. Erkläre.

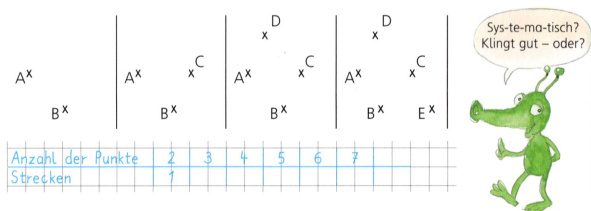

Sys-te-ma-tisch? Klingt gut – oder?

Anzahl der Punkte	2	3	4	5	6	7			
Strecken	1								

3. Beim Tischfußball spielt jeder gegen jeden.

Kinder	3	4	5
Spiele			

  a) Wie viele Spiele sind es bei 3 Kindern?
  b) Wie ist es, wenn es 4 (5, 6, 7, 8) Kinder sind?

4. a) Kindergeburtstag! Wie oft klingen die Gläser, wenn es 7 Kinder sind, die anstoßen?
  b) Wie oft klingt es, wenn deine ganze Klasse anstößt?

Rechnen mit Klammern

(18 − 2) : 4 =
    16   : 4 = 4

5 · (4 + 3) =
5 ·   7   = 35

Die Klammern sind zuerst dran!

8 · (4 + 2)
8 ·   6   = 48

(8 + 4) · 2
   12   · 2 = 24

8 · (4 − 2)
8 ·   2   = 16

(8 − 4) · 2
   4   · 2 = 8

1.
a) (12 + 4) · 3
   12 · (4 − 3)
   (12 − 4) · 3
   12 · (4 + 3)

b) (18 − 3) : 1
   18 : (3 + 1)
   (18 + 3) : 1
   18 : (3 − 1)

c) 8 : (4 − 2)
   8 · (4 + 2)
   (8 − 4) · 2
   (8 + 4) : 2

d) 24 : (4 + 2)
   24 · (4 − 2)
   (24 + 4) · 2
   (24 − 4) : 2

Lösungen: 12 48 84 24

Lösungen: 9 4 R 2 15 21

Lösungen: 48 8 6 4

Lösungen: 10 48 4 56

2.
a) 20 · (5 − 3)
   20 · (5 + 3)
   (20 − 5) · 3
   (20 + 5) · 3

b) 36 : (6 + 3)
   (36 + 6) : 3
   36 : (6 − 3)
   (36 − 6) : 3

c) 16 · (4 − 2)
   (16 − 4) : 2
   16 · (4 + 2)
   (16 + 4) : 2

d) (25 − 5) : 5
   (25 + 5) · 5
   25 · (5 − 5)
   25 : (5 + 5)

Lösungen: 160 40 75 45

Lösungen: 10 12 14 4

Lösungen: 32 10 96 6

Lösungen: 150 0 2 R 5 4

3.
a) (■ + 3) · 3 = 15
   5 · (2 + ■) = 40
   16 : (9 − ■) = 2
   (8 + ■) : 3 = 5

b) (■ − 6) : 4 = 3
   24 : (5 + ■) = 3
   9 · (3 + ■) = 72
   14 · (8 − ■) = 28

c) (■ + ■) · 4 = 32
   7 · (■ − ■) = 42
   80 : (■ − ■) = 10
   (■ + ■) · 8 = 56

4. Bilde Aufgaben mit Klammern.

Zeitspannen – Sekunde, Minute, Stunde

Hans Arp

Sekundenzeiger

dass ich als ich
  eins und zwei ist
dass ich als ich
  drei und vier ist
dass ich als ich
  wie viel zeigt sie
dass ich als ich
  tickt und tackt sie
dass ich als ich
  fünf und sechs ist
dass ich als ich
  sieben und acht ist
dass ich als ich
  wenn sie steht sie
dass ich als ich
  wenn sie geht sie
dass ich als ich
  neun und zehn ist
dass ich als ich
  elf und zwölf ist

1. Lies in einer Sekunde eine Zeile.

2. Stelle ein Pendel her. Es soll in einer Sekunde einmal hin- und herschwingen.

3. Zeichne die Tabelle und rechne aus.
  a) Wie oft atmest du?
  b) Wie oft schlägt dein Puls?
  c) Wie viele Kniebeugen schaffst du?
  d) Wie oft springst du in die Luft?
  e) Wie weit gehst du?

	in 1 min	in 1 h
a)		
b)		
c)		
d)		
e)		

1 h = 60 min	1 min = 60 s
1 Stunde hat 60 Minuten.	1 Minute hat 60 Sekunden.

4. Wie viele Sekunden sind es?

a) 3 min = 180 s b) 2 min 19 s
   5 min   6 min 14 s
   10 min   1 min 03 s
   2 min   10 min 60 s
   4 min   9 min 54 s
   8 min   7 min 24 s

5. Wie viele Minuten und Sekunden?

a) 130 s = 2 min 10 s b) 80 s
   210 s   310 s
   420 s   500 s
   59 s   299 s
   100 s   900 s
   615 s   999 s

6. Eine Kreuzspinne spinnt in 1 Sekunde einen Faden von 1 cm Länge.

```
    1 s
|---|----------------------------------------
  1 cm
```

Wie lang ist der Faden nach 1 min, 10 min, 30 min, 1 h?

7. Wie viele Sekunden sind vergangen?

a) 10 s b) c) d)
e) f) g) h)
i) j) k) l)

Größte Armbanduhr der Welt in Frankfurt.

Zeitdauer

Sonnenaufgang (SA)
Sonnenuntergang (SU)

Datum	SA	SU
1. 11.	7.14 Uhr	16.56 Uhr
2. 11.	7.16 Uhr	16.55 Uhr
3. 11.	7.18 Uhr	16.53 Uhr
4. 11.	7.19 Uhr	16.51 Uhr
5. 11.	7.21 Uhr	16.49 Uhr
6. 11.	7.23 Uhr	16.48 Uhr
7. 11.	7.25 Uhr	16.46 Uhr
8. 11.	7.26 Uhr	16.44 Uhr
9. 11.	7.28 Uhr	16.43 Uhr
10. 11.	7.30 Uhr	16.41 Uhr
11. 11.	7.32 Uhr	16.40 Uhr
12. 11.	7.33 Uhr	16.38 Uhr
1. 6.	4.12 Uhr	20.28 Uhr
2. 6.	4.11 Uhr	20.29 Uhr
3. 6.	4.10 Uhr	20.30 Uhr
4. 6.	4.10 Uhr	20.31 Uhr
5. 6.	4.09 Uhr	20.32 Uhr
6. 6.	4.08 Uhr	20.33 Uhr
7. 6.	4.08 Uhr	20.34 Uhr
8. 6.	4.07 Uhr	20.35 Uhr
9. 6.	4.07 Uhr	20.36 Uhr
10. 6.	4.07 Uhr	20.37 Uhr
11. 6.	4.06 Uhr	20.37 Uhr
12. 6.	4.06 Uhr	20.38 Uhr

1. Für welche Monate könnten die Bilder stehen?

2. Berechne, wie lange es am 1. 11. und am 1. 6. hell ist.
Vergleiche die Ergebnisse.
Wie groß ist der Unterschied?

3. Wie verändern sich die Tage im Juni und im November?
Wie ist es in anderen Monaten?

4. An welchem Tag ist es länger hell? Am 7. 11. oder am 8. 11., am 7. 6. oder am 8. 6.?

5. Erkunde die genauen Anfänge der Jahreszeiten.
Was haben sie mit der Länge der Tage zu tun?

6. Was ist Sommerzeit und Winterzeit?

7. Was bedeutet MEZ?

M 8. Finde die Regel und setze fort
a) 4, 8, 7, 11, 10, …
b) 1, 3, 6, 10, 15, …

Zeitdauer – Beziehungen zwischen Tag, Stunde und Jahreszeiten.

Wiederholung

1.

die Hälfte	6	18			21			16			3·4	
Zahl	12		48			46	34		16		6·4	64
das Doppelte	24			36						20		

2.
a) 430 + 80
540 + 80
650 + 80

b) 390 + 60
480 + 60
570 + 60

c) 540 − 90
650 − 90
760 − 90

d) 570 − 70
660 − 70
750 − 70

3.
a) 46 + 8
460 + 80
860 + 80

b) 77 + 9
770 + 90
370 + 90

c) 57 − 8
540 − 80
170 − 80

d) 32 − 6
320 − 60
820 − 60

4. 17 + 47 − 23 + 38 − 64 + 57 − 18 + 27 − 19 − 14 − 29 + 21

5.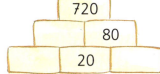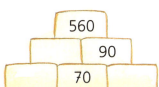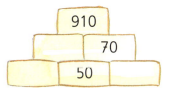

Zehnereinmaleins

6. Setze die Folgen fort.
a) 30, 60, …
40, 80, …
b) 60, 120, …
70, 140, …
c) 80, 160, …
90, 180, …

7.
a) 120 = 6 · ☐
240 = 8 · ☐
360 = 4 · ☐
150 = 3 · ☐
270 = 9 · ☐
420 = 7 · ☐

b) 210 = 30 · ☐
320 = 80 · ☐
180 = 60 · ☐
240 = 40 · ☐
560 = 80 · ☐
720 = 90 · ☐

8. Löse mit · und :.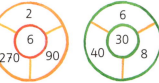

9. Eine Zahl passt nicht.

a)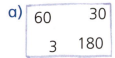
b)
80	8
560	70

c)
80	360
320	4

d)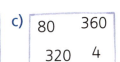
e)
60	300
6	50

Diagonalen und Spirolaterale

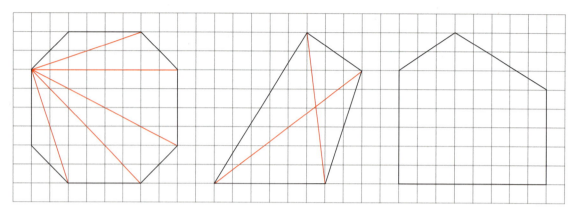

Vierecke, Fünfecke und noch viele andere Figuren haben Diagonalen.

1. Wie viele Diagonalen haben Vierecke, Fünfecke und andere Figuren?
Zeichne, untersuche und lege eine Tabelle an.

2. Zeichne ein Achteck und darin alle Diagonalen.
Erfinde verschiedene Muster.

3. Spirolaterale – Zeichnen nach Zahlen
Gehe so viele Schritte, wie die Zahl es vorgibt.
Biege immer in „Fahrtrichtung" nach rechts ab.

1 – 2 – 3   2 – 2 – 3   3 – 1 – 1

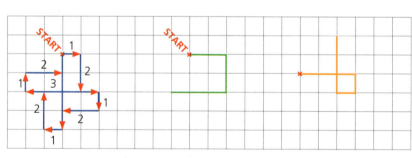

Experimentiere mit diesen und anderen Zahlen!

a) Probiere es mit 4 Zahlen, mit 5 Zahlen und auch mit 2 Zahlen.
b) Vergleiche 1 – 2 – 3 und 2 – 4 – 6. Erkläre.
c) Vergleiche 1 – 2 – 3 und 3 – 2 – 1. Ist das immer so?
d) Jeder bekommt seine Figur. Nutze die Tabelle.
TINA hat 4 – 1 – 2 – 1, TOM hat 4 – 3 – 1.
PAPA hat 4 – 1 – 4 – 1. Und du?

1	A	E	I	M	Q	U	Y
2	B	F	J	N	R	V	Z
3	C	G	K	O	S	W	
4	D	H	L	P	T	X	

Sachrechnen: Eine Aufgabe, mehrere Lösungen

1. Finde möglichst viele Lösungen.

a) In Frau Friedrichs Portmonee sind 43 Euro. Sie bekommt 3 Scheine und 1 Münze dazu.

b) In Herrn Weises Portmonee sind 57 Euro. Er gibt einen Schein und zwei Münzen aus.

Frau Friedrich hat jetzt ▧ €.

Herr Weise hat jetzt ▧ €.

c) Tom hat zwei Münzen und zwei Scheine. Es ist mehr als 70 Euro.
d) Tina hat am Sonntag vom Taschengeld noch vier verschiedene Münzen übrig. Zusammen ist es weniger als 2 Euro.
e) Sandra hat 26 Euro gespart. Oma schenkt ihr noch 2 Münzen.
f) Herr Krause hat 86 Euro in seiner Geldbörse. Er bezahlt mit zwei Scheinen.
g) Frau Krause hat drei Scheine und vier Münzen im Geldbeutel.

2. Gibt es hier mehrere Lösungen?

a) Susi ist doppelt so alt wie ihr Bruder. Zusammen sind sie jünger als ihre Mutter. Die Mutter ist 32 Jahre.
b) In der Ladenkasse sind 38 Euro. Es sind zwei Scheine und vier Münzen. Welche Scheine und Münzen sind es?
c) Herr Schäfer zahlt für drei Gurken und zwei Kilo Tomaten 6 Euro. Ein Kilo Tomaten kostet 2,25 Euro. Wie viel kostet eine Gurke?

d)

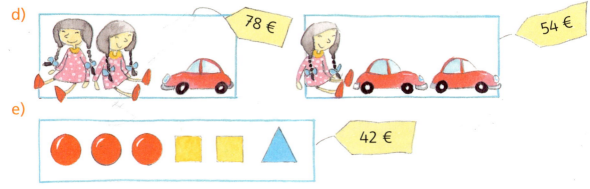

e)

f) Der ICE fährt in Hannover um 14.41 Uhr ab und kommt in Frankfurt um 17 Uhr an. Wie lange ist der Aufenthalt in Kassel?

Diagramme und Tabellen

Sonnenscheindauer

1. Fülle die Tabelle für Bochum im Heft vollständig aus.
2. Vergleiche, wie viele Stunden die Sonne in Freiburg und Bochum scheint.

Freiburg

	J	F	M	A	M	J	J	A	S	O	N	D
h	51	79	154	171	213	220	241	235	154	120	71	52

Bochum

	J	F	M	A	M	J	J	A	S	O	N	D
h	40	58	105	170	197							

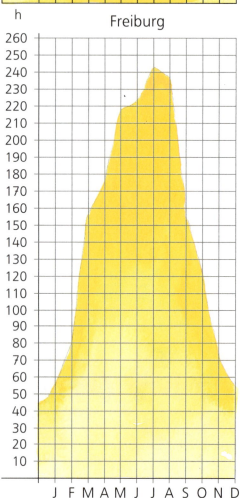

3. Zeichne das Diagramm für Berlin in dein Heft und vergleiche nochmals.

Berlin

	J	F	M	A	M	J	J	A	S	O	N	D
h	56	78	151	183	239	244	242	212	194	183	50	36

Diagramme lesen und zeichnen.

Mitte finden

Lisa und Rita wohnen 576 m voneinander entfernt. Paul wohnt in der Mitte.

1. Übertrage in dein Heft und finde die Mitte.

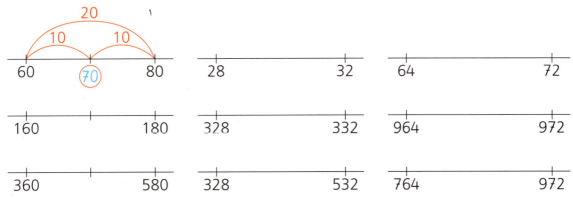

2. Zeichne im Heft und finde die Mitte zwischen diesen Zahlen.

a) 17 und 33
217 und 233
917 und 933
717 und 933

b) 47 und 53
247 und 253
647 und 853
447 und 853

c) 58 und 72
458 und 472
458 und 872
158 und 872

d) 214 und 416
718 und 922
532 und 736
108 und 510

3.

Zahl	17	117	■	59	199	■	413	■	■	234	■	■	397
das Doppelte	34	■	340	■	■	416	■	700	0	■	234	554	■

4. Setze passende Zeichen ein +, −, ·, :, (,), =.

a) 7 ● 6 ● 1 ● 49
5 ● 4 ● 2 ● 18
8 ● 2 ● 7 ● 17

b) 6 ● 4 ● 8 ● 3
5 ● 7 ● 2 ● 6
9 ● 4 ● 2 ● 18

c) 6 ● 3 ● 9 ● 2
6 ● 3 ● 9 ● 1
6 ● 3 ● 9 ● 6

M

Addition und Subtraktion

Addition mit HZE am Zahlenstrahl.

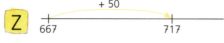

1. 364 + 259
682 + 248
279 + 352
467 + 347

2. 125 + 386
346 + 475
567 + 266
788 + 147

3. 245 + 379
467 + 258
689 + 197
321 + 489

4. 786 + 146
675 + 257
564 + 368
453 + 479

Subtraktion am Zahlenstrahl.

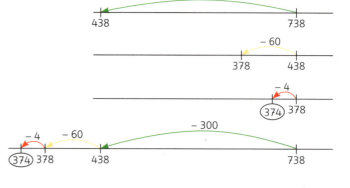

5. 810 − 432
925 − 368
511 − 329
684 − 295

6. 900 − 645
700 − 382
600 − 452
628 − 452

7. 444 − 268
555 − 378
666 − 489
777 − 691

8. 541 − 253
652 − 374
763 − 485
874 − 596

9. Probiere es mit EZH im Heft.
a) 219 + 397
358 + 276
b) 437 + 374
629 + 296
c) 834 − 569
569 − 378
d) 356 − 188
521 − 252

52

Sachrechnen

Ein menschliches Haar wächst im Monat ungefähr 1 cm.

```
      1 Monat
├──────┼──────────────
0     1 cm
```

Ein Fingernagel wächst im Monat ungefähr 2 mm.

```
   1 Monat
├──┼──────────────
0 2 mm
```

REKORDE +++ REKORDE +++ REKORDE +++ REKORDE +++ REKORDE

1. Die längsten Haare der Welt besitzt eine Inderin. Die Gesamtlänge ihrer Haarpracht beträgt 6 m 40 cm. Wie alt muss sie mindestens sein?

2. Zwei Brüder aus Österreich halten den Rekord im Dauerhaarschneiden mit 81 h und 12 min. Sie brauchten dafür 136 Köpfe.

3. Den längsten Bart hatte ein Norweger. An seinem Lebensende war der Bart 533 cm lang. Wie lange hat er ihn wachsen lassen?

4. Der Schnurrbart eines Inders wuchs von Anfang 1949 bis Ende 1962. Er hatte eine Spannweite von 2,59 m.

5. Die längsten Fingernägel dieser Welt wachsen an der Hand eines Inders. 1998 waren die Fingernägel seiner linken Hand zusammen 6,15 m lang. Der Daumen war 142 cm, der Zeigefinger 109 cm, der Mittelfinger 117 cm, der Ringfinger 126 cm lang. Und der kleine Finger?
Wann hatte er sie zuletzt geschnitten?

Sachaufgaben in Kontexten mit den Größen der Länge und der Zeit.

Schriftliche Addition

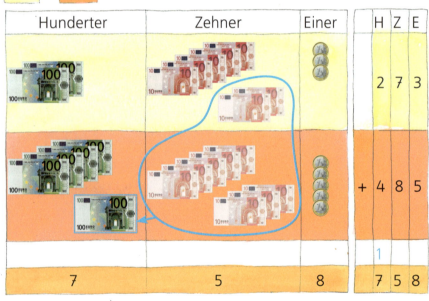

459 + 334

Wir sprechen und schreiben

Wir beginnen immer bei den Einern. Sprich:
9 plus 4 gleich 13
schreibe 3,
übertrage 1
5 plus 4 gleich 9
schreibe 9
4 plus 3 gleich 7
schreibe 7

273 + 485

3 plus 5 gleich 8
schreibe 8
7 plus 8 gleich 15
schreibe 5,
übertrage 1
2 plus 5 gleich 7
schreibe 7

1. Schreibe die Aufgaben erst stellengerecht untereinander: Einer unter Einer, Zehner unter Zehner, Hunderter unter Hunderter.

a)
```
   5 2 6
 + 2 4 8
```

a) 526 + 248
109 + 396
74 + 508

b) 547 + 85
276 + 384
354 + 246

c) 83 + 754
417 + 276
408 + 307

d) 55 + 375
473 + 237
182 + 128

2. Mache es mit diesen Aufgaben genauso:

a) 463 + 279
727 + 165
348 + 5
249 + 57

b) 482 + 176
248 + 79
824 + 97
484 + 376

c) 622 + 198
378 + 387
267 + 78
783 + 187

d) 208 + 457
619 + 274
674 + 219
679 + 214

3.
a) 456 + 35
455 + 36
36 + 455
436 + 55

b) 27 + 109
107 + 29
127 + 9
403 + 207

c) 283 + 354
253 + 384
787 + 9
651 + 263

d) 705 + 68
765 + 8
708 + 65
768 + 5

Was fällt dir auf?

4. Lege mit Geld 459 + 334 + 88.

Wir schreiben

Hunderter	Zehner	Einer	H	Z	E
			4	5	9
			3	3	4
			+	8	8
				1	2
8	8	1	8	8	1

5. Addiere schriftlich.

a) 359 + 136 + 203
423 + 104 + 89
566 + 72 + 206
17 + 192 + 448
94 + 3 + 777

b) 13 + 78 + 531
22 + 85 + 316
472 + 113 + 57
123 + 778 + 4
678 + 96 + 78

c) 333 + 222 + 59
233 + 259 + 22
253 + 339 + 22
443 + 88 + 33
553 + 77 + 44

Schriftliche Addition

1. Das Klecksmonster war da ... Schreibe ins Heft.

	3	■	7			5	■	9			2	4	■			■	8	4			7	6	3
+	2	5	■	+	■	4	■	+	■	6	8	+	5	■	9	+	■	■	■
	5	8	1			7	6	3			8	■	7			7	1	■			9	1	1

	2	7	5			6	■	8								■	7	■			4	3	3
+	5	8	■	+	■	2	■					+	5	2	5	+	■	■	■
	■	■	1			9	1	4								9	■	0			8	2	1

	■	■	■			5	7	9								2	■	3			■	■	8
+	7	6	9	+	2	0	3					+	■	7	■	+	4	2	■
	8	8	5			■	■	■								9	9	9			7	1	1

	7	■	5			8	8	8			3	4	9			2	0	■			■	■	■
+	1	3	■	+	■	■	■	+	■	5	■	+	■	1	7	+	■	■	■
	■	5	3			9	2	2			5	■	0			7	■	0			7	5	3

2. Addiere schriftlich.

a) 248 + 356 + 149
177 + 346 + 157
634 + 58 + 192

b) 475 + 86 + 9
4 + 28 + 697
371 + 298 + 48

c) 263 + 157 + 346
745 + 87 + 167
444 + 222 + 333

3. Riesenmonsterzahlen. Geht das?

| | 4 | 7 | 8 | 1 | 3 | 0 | 4 | 9 | 2 | 5 | 3 | 8 | | | 5 | 0 | 0 | 3 | 7 | 6 | 4 | 8 | 9 | 2 | 1 | 5 |
| + | 3 | 9 | 7 | 0 | 8 | 4 | 7 | 3 | 4 | 2 | 8 | 6 | + | 3 | 9 | 9 | 8 | 4 | 2 | 1 | 1 | 0 | 9 | 4 | 6 |

M 4.

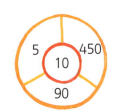

Mathemix

SAUFZ, das sind **S**ummen von **au**feinander **f**olgenden **Z**ahlen.

0 + 1 = 1	0 + 1 + 2 = 3	0 + 1 + 2 + 3 = 6
1 + 2 = 3	1 + 2 + 3 = 6	1 + 2 + 3 + 4 = 10
2 + 3 = 5	2 + 3 + 4 = 9	2 + 3 + 4 + 5 = 14

1.
a) Finde 2 aufeinander folgende Zahlen mit den Summen 13, 17, 27, 33, 51.
b) Finde 3 aufeinander folgende Zahlen mit den Summen 15, 21, 33, 60, 66.
c) Finde 4 aufeinander folgende Zahlen mit den Summen 22, 34, 42, 78, 90.
d) Bilde Summen von 5 aufeinander folgenden Zahlen. Welche Ergebnisse erhältst du?

2. Zerlege ein Quadrat mit einer Geraden so, dass diese Figuren entstehen:
a) 2 Dreiecke.
b) 1 Dreieck und 1 Viereck.
c) 1 Dreieck und 1 Fünfeck.
d) 2 Vierecke.

3. Unsere Klasse hat ein Sparschwein. Wir stecken
am 1. Oktober 1 Cent,
am 2. Oktober 2 Cent,
am 3. Oktober 4 Cent,
am 4. Oktober 8 Cent
und so weiter hinein. Reicht Ende Oktober das Geld, so dass alle Kinder ein Eis bekommen können?

4. Sabine baut für ihren Schreibtisch einen Würfelkalender. Mit zwei Würfeln soll dort jedes Tagesdatum eingestellt werden können. Wie muss Sabine die Seiten der Würfel beschriften?

5.
a) Beginne im roten Feld mit einer beliebigen Zahl. Probiere es mit vielen Zahlen aus. Was stellst du fest?

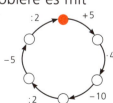

b) Es klappt auch mit vier Stationen. Probiere es auch hier.

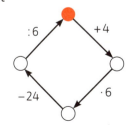

Liter und Milliliter

1 l = 1000 ml
1 Liter sind 1000 Milliliter.

100 ml — ▪ ml — 250 ml — 500 ml — ▪ ml

1 l — 2 l — 10 l — 80 l — 200 l

1. Miss nach: Wie viel Wasser passt in eine Tasse, einen Becher, eine Milchtüte, einen Teelöffel, einen Jogurtbecher, einen Eierbecher, einen Suppenteller oder Ähnliches?

2. Schau zu Hause nach: Wie viele ml sind in einer Zahnpastatube, einem Sahnebecher, einer Majonäsetube, einer Sonnenmilchflasche, einer Shampooflasche, in verschiedenen Konservendosen oder anderen Verpackungen?

3. Wie könntest du herausfinden, wie viele Milliliter ein Stein hat? Miss auch andere krumme Körper.

4. Wie viele Milliliter passen in diesen Körper?

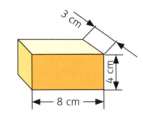

Sachaufgaben: Menge – Preis

Anzahl	1 l Apfelsaft 1 Flasche 1,00 € (Pfand 0,25 €)	1 l Orangensaft 1 Flasche 1,70 € (Pfand 0,25 €)	1 l Möhrensaft 1 Flasche 1,50 € (Pfand 0,25 €)	1 l Traubensaft 1 Flasche 2,20 € (Pfand 0,25 €)
1	1,25 €	1,95 €	1,75 €	… €
2	2,50 €			
3				

1. Übertrage die Tabelle vollständig ins Heft und rechne aus.
Nutze die Daten für die folgenden Aufgaben.

2. a) Tina möchte alle Sorten probieren.
b) Lars kauft 2 Flaschen Möhrensaft und 1 Flasche Traubensaft.
c) Claudia hat 8 €. Sie möchte möglichst viel Orangensaft kaufen.
d) Inga kauft 5 Flaschen Traubensaft. Sie bezahlt mit einem 20-€-Schein.
e) Jonas bringt 8 leere Flaschen zurück. Er kauft 2 Flaschen Apfelsaft und 3 Flaschen Orangensaft.

3. **Wasser ist unser Leben**

Menschen, Tiere und Pflanzen brauchen Wasser. Jeder Mensch trinkt täglich 2 bis 3 Liter Wasser, wenn er körperlich schwer arbeitet sogar 5 bis 6 Liter. Ohne Wasser können wir nicht leben. Aber wir brauchen auch Wasser, wenn wir uns waschen, beim Kochen, Baden, Wäsche- und Autowaschen, Geschirrspülen und auf der Toilette.

a) Notiere dir, wann du in der Woche Wasser verbrauchst. Schätze, wie viel Wasser dies jedes Mal ist, und trage es in eine Tabelle ein.
b) Wie viel Wasser verbraucht deine Familie?
Lies die Wasseruhr in deiner Wohnung ab, notiere die Zahl und vergleiche eine Woche später.
c) Wie viel Wasser kann ein Schwamm aufsaugen? Schätze, bevor du es ausprobierst. Markiere auf einem leeren Gefäß deine Schätzung. Dann halte den Schwamm unter Wasser und drücke ihn über dem Gefäß aus.
Wie gut war deine Schätzung?

Größen schätzen

1. Sieh dir das Bild an und ordne zu:
 a) 6 kg, 20 kg, 60 kg, 1 t, 3 t, 50 g
 b) 70 cm, 1,30 m, 1,70 m, 10 m
 c) 15 Tage, 10 Monate, 10 Jahre, 35 Jahre, 4 Jahre, 100 Jahre
 d) 1 l, 1000 l, 10 l

2. Welche Größeneinheit verwendest du?

Gewicht einer Maus   Gewicht eines Flugzeugs   Preis eines Lutschers
Gewicht eines Menschen   Länge einer Wanderung   Höhe eines Hauses
Länge eines Reiskorns   Breite eines Bilderrahmens
Dauer einer Schulstunde   Alter von Opa   Dauer der Sommerferien
Dauer der Geburtstagsfeier   Dauer eines 100-m-Laufs
Dauer des Sommers   Preis eines Fahrrads

3. Ordne ungefähr nach dem Preis:
Auto, Buch, Jeans, Brot, Haus, Schulheft, Bonbon, Fernseher.

4. Ordne nach dem Gewicht.
Fahrrad, Mann, Frau, Schäferhund, Schmetterling, Apfel, Schokoriegel, Limoflasche, Pferd, Auto, Schiff.

5. a) Wie dick ist ein Buch mit 800 Seiten?
 b) Wie schwer ist ein 1 m hoher Kopierpapierstapel?
 c) Wie viele Schritte brauchst du für 1 km?
 d) Wie lange brauchst du für einen Kilometer?

Mathemix

1. Das NIM-Spiel

Sina und Pascal legen 15 Würfel in eine Reihe. Sie dürfen abwechselnd 1, 2 oder 3 Würfel entfernen. Wer den letzten Würfel nehmen muss, hat verloren.

a) Spielt das NIM-Spiel mehrmals und wechselt euch mit dem Beginn ab.
b) Sina behauptet: „Wer anfängt, verliert immer, wenn man keinen Fehler macht."

2. Eine Rangieraufgabe.
Wie muss der Lokführer rangieren, damit die Anhänger in folgender Reihenfolge weiterfahren können: rot, gelb, blau?
Der Zug soll mit der Lok in gleicher Fahrtrichtung weiterfahren.

3.  Rafael schaut sich sein neues Piratenbuch an. An welcher Stelle hat er das Buch aufgeschlagen, wenn die Summe der Seiten 53 beträgt?

4.  In diesen 4 Beuteln sind zusammen 62 Murmeln. Wie viele Murmeln sind in den einzelnen Beuteln, wenn in jedem Beutel 3 Murmeln mehr sind als im vorigen?

5. Welche Zahlen müssen jeweils für den Stern und den Kringel eingesetzt werden?

a) ◎ 4 ★
  + ★ 1 7
  ─────────
    9 ◎ 0

b) ◎ ★ 5
  + 3 5 6
  ─────────
    ★ ◎ 1

c) ★ 8 4
  + ◎ 3 ★
  ─────────
    9 2 ◎

d) ◎ 9 ★
  + 3 ◎ 5
  ─────────
    ★ ◎ 1

Planquadrate

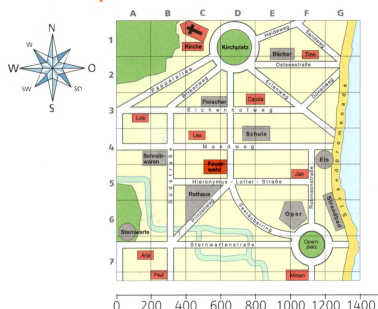

1. Welche Straßen verlaufen von Ost nach West, welche von Süd nach Nord, welche von Südost nach Nordwest und welche von Nordost nach Südwest?

2. Alle Kinder wollen sich zum Eisessen treffen. Beschreibe den Weg jedes Kindes zur Eisdiele.
Schreibe dazu immer auf, in welcher Himmelsrichtung an jeder Kreuzung zu gehen ist.
Tine: O – SW – SO – S

3. Anja geht in die Oper und holt vorher Jan ab. Beschreibe den Weg.

4. Wie weit haben es die Kinder ungefähr zur Schule? 1 cm auf der Karte entspricht 200 m in der Wirklichkeit.

5. Finde den kürzesten Weg von Lisa zu Tine.

6. Wie weit hat es die Feuerwehr zur Oper?

7. Carola, Lutz und Lisa gehen am Abend zur Sternwarte. Wie können sie gehen?

8. Carola hat noch einzukaufen: Brötchen, Brot, Tintenpatronen und ein wenig frische Wurst. Wie könnte sie gehen? Wie weit ist ihre Einkaufsrunde ungefähr?

9. Finde selbst weitere Aufgaben.

In welchen Planquadraten findest du diese Dinge?

Schriftliche Subtraktion (1): Abziehen

1. Silas will sich das Fahrrad kaufen. Wie viel Geld hat er noch übrig?

Er hat gespart:

Das Fahrrad kostet: 282 €.

Silas hat:
Silas muss bezahlen:
Silas hat übrig:

Er hat noch 155 € übrig.

Silas bezahlt die Einer

H	Z	E
4	3	7
−2	8	2
		5

7 E − 2 E = 5 E

Silas bezahlt die Zehner

H	Z	E
³4̸	¹⁰3̸	7
−2	8	2
	5	5

Er hat keine 8 Z. Er wechselt 1 H in 10 Z.
13 Z − 8 Z = 5 Z

Silas bezahlt die Hunderter

H	Z	E
³4̸	¹⁰3̸	7
−2	8	2
1	5	5

3 H − 2 H = 1 H

2. Leas Fahrrad kostet 356 €. Sie hat 632 € gespart.

Lea hat:
Lea muss bezahlen:
Lea hat übrig:

Sie hat noch 276 € übrig.

Lea bezahlt die Einer

H	Z	E
6	²3̸	¹⁰2
−3	5	6
		6

Sie hat keine 6 E. Sie wechselt 1 Z in 10 E.
12 E − 6 E = 6 E

Lea bezahlt die Zehner

H	Z	E
⁵6̸	¹⁰ ²3̸	¹⁰2
−3	5	6
	7	6

Sie hat keine 5 Z. Sie wechselt 1 H in 10 Z.
12 Z − 5 Z = 7 Z

Lea bezahlt die Einer

H	Z	E
⁵6̸	¹⁰ ²3̸	¹⁰2
−3	5	6
2	7	6

5 H − 3 H = 2 H

3. Subtrahiere schriftlich.

a) 784 − 365	b) 918 − 653	c) 842 − 571	d) 545 − 267
573 − 124	757 − 283	651 − 480	322 − 184
683 − 456	450 − 226	734 − 326	714 − 356
792 − 343	405 − 262	485 − 93	638 − 529
271 − 48	649 − 376	623 − 253	963 − 784

Schriftliche Subtraktion (2): Ergänzen

1. Mark will das Fahrrad kaufen. Er hat schon 128 €.
Wie viel Geld muss er noch sparen?

Er hat

Das Fahrrad kostet: 346 €.

Mark möchte nur mit Hundertern, Zehnern und Einern bezahlen.

	Mark hat 8 E.	Mark hat jetzt 3 Z.	Mark hat 1 H.
	H Z E	H Z E	H Z E
Das Fahrrad kostet:	3 4 6	3 4 6	3 4 6
Mark hat:	− 1 2 8	− 1 2 8	− 1 2 8
	₁	₁	₁
Mark muss sparen:	8	1 8	2 1 8
	8 E + ? E = 6 E Geht nicht	3 Z + 1 Z = 4 Z	1 H + 2 H = 3 H
Mark muss noch 218 € sparen.	Er braucht noch 10 E (= 1 Z) 8 E + 8 E = 16 E		

2. Britta hat 157 €. Sie möchte sich ein Fahrrad für 323 € kaufen. Wie viel € muss sie noch sparen?

	Britta hat 3 E.	Britta hat jetzt 6 Z.	Britta hat jetzt 2 H.
	H Z E	H Z E	H Z E
Das Fahrrad kostet:	3 2 3	3 2 3	3 2 3
Britta hat:	− 1 5 7	− 1 5 7	− 1 5 7
	₁	₁ ₁	₁ ₁
Britta muss sparen:	6	6 6	1 1 8
	7 E + ? E = 3 E Geht nicht	6 Z + ? E = 2 Z Geht nicht	2 H + 1 H = 3 H
	Sie braucht noch 10 E (= 1 Z) 7 E + 6 E = 13 E	Sie braucht noch 10 Z (= 1 H) 6 Z + 6 Z = 12 Z	

3. Subtrahiere schriftlich.

a) 784 − 365	b) 918 − 653	c) 842 − 571	d) 545 − 267
573 − 124	757 − 283	651 − 480	322 − 184
683 − 456	450 − 226	734 − 326	714 − 356
792 − 343	405 − 262	485 − 93	638 − 529
271 − 48	649 − 376	623 − 253	963 − 784

Schriftliche Subtraktion – Probe

Rechnen mit Probe

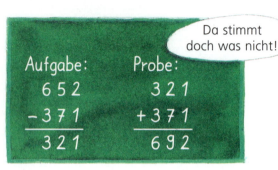

1. Schreibe stellengerecht untereinander und rechne. Mache auch die Probe.

a) 487 – 125
634 – 312
769 – 537
506 – 203
845 – 435

b) 653 – 236
547 – 138
864 – 447
781 – 564
435 – 219

c) 456 – 274
617 – 543
969 – 797
534 – 341
348 – 156

d) 531 – 256
850 – 573
464 – 389
726 – 408
683 – 197

2. Wie geht es weiter?

a) 479 – 274
469 – 274
459 – 274
449 – 274
⋮

b) 843 – 123
843 – 234
843 – 345
843 – 456
⋮

c) 987 – 391
876 – 392
765 – 393
654 – 394
⋮

d) 991 – 119
882 – 228
773 – 337
664 – 446
⋮

3. Subtrahiere von jeder Zahl 653 und addiere zu jeder Zahl 347. Was fällt dir auf?

```
  751      687
     834      918
  940     782
      865
```

Beispiel: 751   751
          – 653   + 347
            ▢   ▢

4. Subtrahiere von jeder Zahl 484 und addiere zu jeder Zahl 516.
Was fällt dir jetzt auf?

```
         735        893        931
   808         547        642
```

5.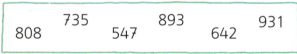

Addition und Subtraktion von Kommazahlen

1. Nils hat in seinem Portmonee 9,85 €. Er möchte sich das Drachenbuch kaufen.

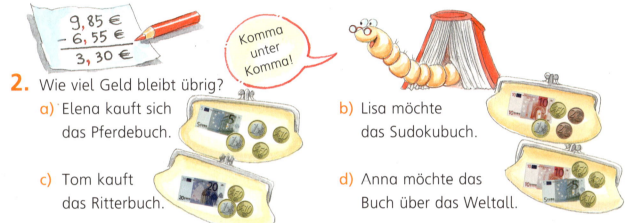

2. Wie viel Geld bleibt übrig?
   a) Elena kauft sich das Pferdebuch.
   b) Lisa möchte das Sudokubuch.
   c) Tom kauft das Ritterbuch.
   d) Anna möchte das Buch über das Weltall.

3. Schreibe stellengerecht untereinander und subtrahiere.

a) 17,81 € − 12,63 €   b) 46,58 € − 29,49 €   c) 13,12 € − 5,26 €
   28,05 € − 3,44 €   63,40 € − 17,06 €   7,05 € − 3,74 €
    6,47 € − 1,98 €   75,67 € − 8,40 €   88,47 € − 55,99 €

4. Pascal wünscht sich zum Geburtstag das Drachenbuch und das Gespensterbuch.

5. Schreibe stellengerecht untereinander und addiere.

a) 15,65 € + 11,73 €   b) 37,56 € + 46,25 €   c) 24,35 € + 6,75 € + 41,66 €
   84,07 € + 7,97 €   64,39 € + 5,46 €   7,76 € + 8,54 € + 63,27 €
    6,74 € + 48,36 €   13,87 € + 18,09 €   58,37 € + 39,06 € + 4,48 €

Zirkel und Kreis

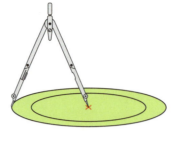

Nehme ich einen breiten oder lieber einen schmalen Rand?

1. Tina zeichnet zwei Kreise mit gemeinsamem Mittelpunkt. Wie kann sie den inneren Kreis einteilen?

2. Zeichne die Zirkelblume mehrmals. Finde viele verschiedene Färbungen.

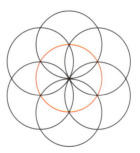

Kreise und Kreismuster.
Mittelpunkt, Radius und Durchmesser.

Rennen in der Formel 13

Aus einer Pappschachtel entsteht die Karosserie. Farbe und Fantasie sind hier alles.

Auf das Tuning kommt es an! Hier ein paar Tipps:
Achsen und Räder sorgen dafür, dass dein Auto leicht fährt und schnell ist.
Probiere verschiedene Konstruktionsmöglichkeiten aus. Einige siehst du hier.

Holzstab, durchgesteckt und fest verleimt

Holzleisten auf dem Boden fest verleimt

Pappräder mit Kork fest auf der Achse angeklebt

Holzstäbe auf dem Boden in Laschen drehbar befestigt

Trinkhalm auf dem Boden verleimt. Holzstab drehbar durchgesteckt

Rad drehbar auf einem Nagel oder zwischen zwei festgeklebten Perlen

1. Wessen Auto rollt am weitesten?
Experimentiert und verbessert.
Bildet Rennteams und tüftelt gemeinsam!
Damit es kein Zufall ist wer siegt,
hat jeder fünf Versuche.
Die besten 3 Weiten werden addiert.

2. Auch das gibt es: Ein Schaukelwagen.

> Der englische Schriftsteller Lewis Caroll hat nicht nur „Alice im Wunderland" geschrieben, sondern sich auch viele mathematische Tricks und Rätsel ausgedacht. In einem seiner Bücher hat er einen Wagen erfunden, in dem man sich fühlt, als führe man mit einem Schiff auf stürmischer See.

Baue einen Wagen und bringe die Räder so an, dass der Wagen
– zur Seite oder vorwärts bzw. rückwärts oder in alle Richtungen schaukelt,
– ganz ruhig fährt!

Sachrechnen: Informationen aus Texten entnehmen

Altdorf
Das Giraffenbaby Carlos kam am 25. September nach genau 450 Tagen Tragzeit zur Welt. Es wog 59 kg und war 1,78 cm hoch.
Zum Vergleich:
Seine Mutter wiegt bei einer Größe von 5,03 m 637 kg, sein Vater ist 5,21 m hoch und wiegt 724 kg.

Neustadt
Die 4 m lange und 125 kg schwere Pythonschlange Susa brachte Anfang des Jahres ein Junges zur Welt. Es ist 75 cm lang und wiegt 20 kg.

Neustadt
Elefantenjunge Conny ist jetzt 3½ Jahre alt. In den vergangenen 2 Jahren ist er um 30 cm gewachsen. Er ist jetzt 1,90 groß. Seine Mutter ist 2,38 cm groß, sein Vater 2,87 m.

1.
a) Wie viele Jahre, Monate, Wochen sind 450 Tage?
b) Wie viel muss die kleine Python noch wachsen, bis sie so lang und so schwer ist wie ihre Mutter?
c) Wie viel muss Carlos noch wachsen, bis er so groß und schwer ist wie sein Vater?
d) Wie groß war Conny mit 1½ Jahren?
e) Wie viel muss Conny noch wachsen, bis er so groß ist wie sein Vater?
f) Wie viel schwerer und größer war Carlos bei seiner Geburt, als du es jetzt bist?

2.
a) Herr und Frau Berger möchten mit ihren Kindern Jan (4 Jahre) und Kim (9 Jahre) in den Zoo gehen. Wie viel müssen sie für den Eintritt bezahlen?
b) Frau Neuhaus möchte gerne öfter in den Zoo gehen. Sie überlegt, ob sie sich eine Jahreskarte kaufen soll.
c) In der Klasse 3c sind 26 Kinder. Sie machen mit ihrem Lehrer und drei Müttern einen Ausflug in den Zoo.
Wie viel muss der Lehrer an der Kasse zahlen?
d) Kim hat im April zu ihrem 9. Geburtstag eine Jahreskarte geschenkt bekommen. Bis jetzt war sie 3-mal im Zoo.

Öffnungszeiten und Eintrittspreise im Tierpark Altdorf

Eintrittspreise:
Einzelkarten
Erwachsene 9,00 €
Kinder (ab 3 J.) 4,50 €
Schüler, Studenten 5,50 €

Gruppenkarten (min. 15 Pers.)
Erwachsene 7,00 €
Kinder, Schüler, Studenten 4,50 €

Jahreskarten
Erwachsene 60,00 €
Kinder, Schüler, Studenten 35,00 €

Öffnungszeiten:
täglich geöffnet
Sommer: 8:30–18:00 Uhr
Winter: 9:00–17:00 Uhr
(ab/bis Zeitumstellung)

Informationen aus Texten entnehmen und damit rechnen.

Sachrechnen: Fragen stellen, Aufgaben erfinden

1. Stelle selbst Fragen zum Text und beantworte sie.
Wer …? Was …? Wo …? Wie hoch …? Wie lang …? Wie viel …? Wie schwer …?
Wann …? Wie viele …? Wie alt …? Wie lange …? Wie weit …? Wie groß …?
Wie schnell …?

Der Rotfuchs wird etwa 30 bis 40 cm hoch. Sein Körper wird mehr als 1 m lang. Der Schwanz ist fast genauso lang wie der übrige Körper. Füchse sind 5 bis 10 kg schwer. Sie haben 42 Zähne, viel mehr als wir Menschen. Rotfüchse können etwa 12–15 Jahre alt werden.

Füchse haben einen schmalen Körper. Sie kriechen durch Löcher, die nur 8 cm groß sind. Sie können aber auch 2 m hoch und 5 m weit springen und für kurze Zeit sehr schnell rennen: Sie erreichen eine Geschwindigkeit von 55 km/h.

Ein Rotfuchs braucht etwa 350 bis 500 g Nahrung am Tag. Das entspricht dem Gewicht von 15 bis 20 Mäusen.

In der Fuchshöhle werden einmal im Jahr die Jungen geboren (Ende März bis Anfang Mai). Meistens sind es 3 bis 5 Junge. Die Jungen wiegen nur etwa 80 bis 150 g. Die Jungen sind in den ersten Tagen blind. Etwa 8 Wochen lang werden sie von der Mutter gesäugt. Der Fuchsrüde versorgt die Familie in den ersten Wochen mit Nahrung. Die jungen Füchse müssen in 4 Monaten lernen, sich selbst zu versorgen. Mit 10 bis 11 Monaten sind sie ausgewachsen.

2. Suche selbst Informationen zu verschiedenen Tieren.
Erfinde damit eigene Aufgaben.

Fragen stellen, Daten beschaffen, Aufgaben formulieren.

Multiplikation

1. Wie viele Reiter sind es?

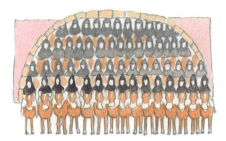

8 Reihen
■ Reiter

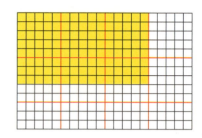

8 · 15
8 · 10
8 · 5

a) 13 Reihen ■ Reiter
b) 17 Reihen ■ Reiter
c) 23 Reihen ■ Reiter
d) 32 Reihen ■ Reiter

Schreibe so, benutze dein Lineal.

3	·	6	7	=	2	0	1
3	·	6	0	=	1	8	0
3	·		7	=		2	1
3	·	6	7	=	2	0	1

2. Bilde selbst Aufgaben.

a) ③ ⑥ ⑦
  3 · 67
  3 · 76
  6 · 37
  6 · 73
  7 · 36
  7 · 63

b) ④ ② ⑧
c) ⑤ ① ⑨
d) ① ② ③
e) ④ ⑥ ⑤
f) ⑤ ⑥ ⑦
g) ⑥ ⑦ ⑧
h) ⑦ ⑧ ⑨
i) ② ③ ④

3. Eine Leiter hat 20 Sprossen. Auf der ersten sitzt eine Taube, auf der zweiten Sprosse zwei Tauben, auf der dritten drei, auf der vierten vier, auf der fünften fünf Tauben usw. bis zur 20. Sprosse mit 20 Tauben. Wie viele Tauben waren es?

Division

1. Wie viele Reihen sind es?

■ Reihen
84 Reiter

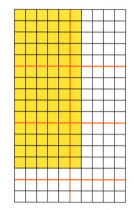

84 : 6
60 : 6
24 : 6

a) ■ Reihen
96 Reiter

b) ■ Reihen
75 Reiter

c) ■ Reihen
72 Reiter

d) ■ Reihen
104 Reiter

1	1	9	:	7	=	1	7
	7	0	:	7	=	1	0
	4	9	:	7	=		7
1	1	9	:	7	=	1	7

2. a) 112 : 7
133 : 7
105 : 7
126 : 7
147 : 7
84 : 7

b) 128 : 8
96 : 8
152 : 8
112 : 8
104 : 8
100 : 8

c) 68 : 4
60 : 4
76 : 4
84 : 4
96 : 4
156 : 4

d) 144 : 9
126 : 9
171 : 9
135 : 9
189 : 9
108 : 9

3. Drei Ritter teilen sich einen Schatz. Der erste nimmt die Hälfte und noch einen Taler. Der 2. nimmt sich vom Rest die Hälfte und einen usw. Für den letzten Ritter bleibt gerade noch ein Taler übrig.
Wie groß war der Schatz?

Halbschriftliche Multiplikation

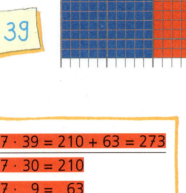

7 · 39 = 210 + 63 = 273
7 · 30 = 210
7 · 9 = 63

7 · 39 = 280 − 7 = 273
7 · 40 = 280
7 · 1 =   7

Berhan rechnet so.   Alina rechnet anders.

1. Rechne wie Berhan.
   a) 6 · 61   b) 3 · 38   c) 5 · 34
       6 · 59   3 · 82   5 · 46

2. Rechne wie Alina.
   a) 6 · 71   b) 3 · 92   c) 5 · 44
       6 · 69   3 · 88   5 · 36

Bei welchen Aufgaben war Alinas Rechenweise günstig?
Wann war die andere besser, wann war es egal. Begründe.

3. Rechne jede Aufgabe wie Berhan und Alina. Notiere, was günstiger ist. B A
   a) 8 · 29   b) 3 · 53   c) 6 · 48   d) 9 · 69   e) 3 · 18   f) 5 · 89
       7 · 28   4 · 59   9 · 49   4 · 67   6 · 19   4 · 84

4. Entscheide zuerst. Vergleiche und begründe.
   a) 5 · 39   b) 7 · 43   c) 8 · 38   d) 4 · 19   e) 7 · 51   f) 9 · 99

5. Der Elfmeterschütze.
Die Schulmannschaft sucht den besten Elfmeterschützen.
So sieht die Tabelle aus:
Wer schießt am besten?
Begründe deine Ansicht.

	Vincent	Welat	Ella
Januar	3 von 10	8 von 15	1 von 8
Februar	8 von 10	8 von 15	3 von 8
März	5 von 10	6 von 15	8 von 8

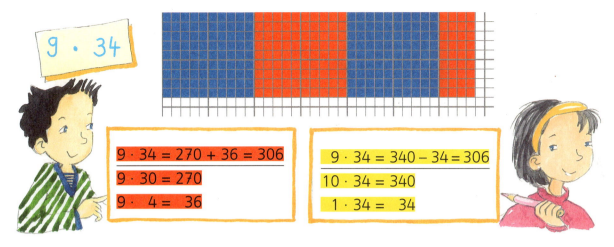

Berhan rechnet so.   Angelika kennt einen neuen Trick.

6. Rechne mit Angelikas Trick.

a) 9 · 58	b) 9 · 17	c) 9 · 88	d) 8 · 14	e) 8 · 65
9 · 25	9 · 11	9 · 46	8 · 53	8 · 46
9 · 77	9 · 34	9 · 62	8 · 32	8 · 77
Wie gefällt er dir? Begründe.			8 · 21	8 · 98

7. Rechne jede Aufgabe wie Berhan und Angelika.
Notiere, was günstiger ist. B A

a) 9 · 42	b) 6 · 58	c) 9 · 33	d) 3 · 76	e) 9 · 62	f) 9 · 84
4 · 42	8 · 58	7 · 33	9 · 76	7 · 62	5 · 84

8. Wie rechnest du? Begründe.

a) 4 · 96   b) 9 · 69   c) 7 · 55   d) 8 · 21   e) 9 · 17   f) 3 · 23

9. Schreibe jeweils 5 Aufgaben, die du so rechnen würdest wie Alina, Berhan und Angelika. Erkläre.

Ich addiere wie Berhan, weil …
Ich rechne wie Alina, weil …
Es sind neun Einer, also …
Ich rechne das so: …

Sachrechnen: Tabellen

Löse im Heft mit einer Tabelle.

1. Herr Ganzreich hat doppelt so viele 10-Euro-Scheine wie 1-Euro-Münzen, und er hat doppelt so viele 100-Euro-Scheine wie 10-Euro-Scheine.
Wie viel Geld kann er haben?

2. In den Linienbus steigen bei der 1. Station 5 Personen ein, bei der 2. Station steigen 2 aus, bei der 3. Station wieder 5 ein, bei der 4. Station wieder 2 aus und so weiter.
Wie viele Personen sind nach 16 Haltestellen im Bus? Und nach 31 (99)?

3. Auf wie viele Arten kann man zwei Würfel werfen, so dass die Augenzahl durch 3 teilbar ist?
Oder durch 2? Oder durch 4?

4. Überlege, ob du eine Tabelle brauchst.
a) Der Schüler Willi Wach hat heute während der Mathestunde 25 Minuten länger geschlafen als er wach gewesen ist.
b) Ein Ball wird von dem „Schiefen Turm von Pisa" geworfen. Der Turm ist 128 m hoch. Der Ball springt immer halb so hoch, wie er vorher war. Wie viele Meter hat er beim 5. Aufspringen zurückgelegt?
c) Das 40 m lange Kabel wird in zwei Teile zerschnitten. Der erste Teil ist 4 m länger als das Doppelte des zweiten Teils.

5.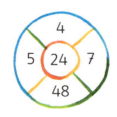

6. So hat Theo eingekauft.
   a) Zeichne die Tabelle ab und fülle sie aus.

	Kisten	Flaschen	Preis pro Flasche	Preis pro Kiste	Preis gesamt
Apfelsaft	7			7,20 €	
Limo	9			11,00 €	
Orangensaft		90			36,00 €

   b) Wie viel hat Theo an den Getränken verdient?
   Sieh dir die Preisliste am Kiosk an.

7. Zeichne eine Tabelle. Berechne die fehlenden Angaben.

Franz hat für seinen Süßigkeitenstand eingekauft:
5 Schachteln Schokoküsse für jeweils 4,50 €,
einige Schachteln Müsliriegel für insgesamt 49 €
zum Stückpreis von 0,70 € und 10 Schachteln
Lutscher für insgesamt 60 €.

8.

Dieser große Würfel wurde aus kleinen
gebaut und dann außen blau angestrichen.
   a) Wie viele kleine Würfel braucht man?
   b) Wie viele kleine Würfel haben
      1 blaue Seite, 2 blaue Seiten,
      3 blaue Seiten, keine blaue Seite?

Divisionsstrategien

Wie dividierst du?

Jasmin
536 : 4
  36 : 4 =   9
400 : 4 = 100
  80 : 4 = 20
  20 : 4 =   5
536 :

Gero
536 : 4
400 : 4 = 100
120 : 4 = 30
  16 : 4 =   4
536 : 4 =

Chuan
536 : 4
4 · 100 = 400
4 · 25 = 100
4 ·   9 = 36
4 ·   =

Jasmin erklärt,
Anna hört zu.

Pavel fragt nach
Geros Lösung.

Chuan beantwortet
Henriks Frage.

1. Wie rechnest du?
a) 645 : 5
b) 423 : 3
c) 524 : 4
d) 278 : 2
e) 636 : 4
f) 545 : 5
g) 472 : 8
h) 672 : 8
i) 675 : 5
j) 531 : 3
k) 784 : 7
l) 485 : 5

2. Rechne wie Gero.
a) 364 : 2
b) 685 : 5
c) 632 : 4
d) 738 : 6

3. Beginne mit der leichtesten Aufgabe.
a) 462 : 7
   420 : 7
    42 : 7

b) 21 : 3
   261 : 3
   240 : 3

c) 240 : 8
    64 : 8
   304 : 8

d) 420 : 6
   462 : 6
    42 : 6

e) 450 : 9
   522 : 9
    72 : 9

f) 42 : 6
   522 : 6
   480 : 6

g) 400 : 5
   445 : 5
    45 : 5

h) 350 : 5
    55 : 5
   405 : 5

4. Zehnernachbarn.
a) <u>340</u> 345 <u>350</u>   ■ 208 ■
b) ■ 749 ■   ■ 595 ■
c) ■ 411 ■   ■ 624 ■
d) ■ 601 ■   ■ 599 ■

Überschlagen

Bauer Meyers Hühner legen fleißig Eier, die der Bauer zum Verkauf in 6er-Packungen abpackt.

Sonntag	618
Montag	588
Dienstag	733
Mittwoch	496

Ich schätze, Bauer Meyer braucht am Sonntag etwa 100 Packungen.

Es sind ein paar mehr, denn 618 ist größer als 600.

1. *Wir können ja mal rechnen.*

a) Sonntag
618 : 6 =
600 : 6 =
 18 : 6 =

b) Montag
588 : 6
540 : 6
 48 : 6

c) Dienstag
733 : 6
600 : 6
■ ● ■

d) Mittwoch
496 : 6
480 : 6
 ⋮

2. Bauer Lehmann liefert die Eier seiner Hühner in 10er-Packungen zum Frischmarkt.

Sonntag	813
Montag	1123
Dienstag	998
Mittwoch	921
Donnerstag	843
Freitag	972
Samstag	714

Notiere so im Heft.

So: 813 : 10 ≈ 80
Mo: 1123 : 10 ≈ 110
Di: 998 : 10 ≈ 100
Mi:
Do:
Fr:
Sa:

3. Rechne aus. Überschlage vorher. Vergleiche Ergebnis und Überschlag.

318 : 3

Ü: 300 : 3 = 100

318 : 3 = 106
300 : 3 = 100
 18 : 3 =   6

a) 654 : 6
721 : 7
490 : 5
768 : 8

b) 567 : 9
288 : 9
763 : 7
532 : 4

c) 448 : 8
495 : 5
459 : 9
672 : 6

d) 372 : 6
402 : 3
256 : 8
416 : 8

Zeitpunkt – Zeitdauer

1. Wie lange hat Ollie in der Woche für seine Hausaufgaben gebraucht?

Übertrage Ollies Hausaufgabenzeiten-Plan ins Heft.

	MO	DI	MI	DO	FR	SA	SO
Beginn	14:31	13:15	18:05	14:52		10:11	
Dauer	5 min	51 min			30 min	8 min	30 min
Ende	14:36		19:12	15:20	6:45		9:18
Beginn							
Dauer	12 min			5 min			
Ende	17:30			17:13			21:05
Beginn	21:05						
Dauer	55 min						
Ende							
Dauer insgesamt							1 h 23 min

2.

Lena und Ute vergleichen ihre Arbeitsdauer.
Wer war in dieser Woche schneller?
Hast du Tipps, wie man Hausaufgaben zügig erledigt?

Mathemix

1. 3 → heißt: 3 Felder nach rechts.
Wo ist der Anfang?
Finde den Weg durch
alle Felder.

3→	1←	1←	3↓
2→	1↓	2↓	3←
3→	1←	2↑	1←
Ziel	2↓	2←	2↑
Anfang (unter der 1 in Zeile 3)

2→	3↓	3↓	3↓
1↓	2→	Ziel	1↓
2↑	2↑	1←	2↑
2↑	2↑	2↑	3←

2. a) Die vier Freunde Jana, Lina, Tim und Uli feiern Linas Geburtstag im Restaurant. Alle essen und trinken etwas Verschiedenes.
Was bestellen sie? Übertrage die Tabelle in dein Heft.

Das weißt du:
Ein Mädchen isst Hähnchen.
Ein Junge trinkt Wasser.
Tim isst Hamburger, Wasser mag er nicht.
Lina trinkt Cola.
Ein Kind bestellt Spagetti und Wasser.
Ein Kind bestellt Hähnchen und Limo.

	Hähnchen	Spagetti	Pizza	Hamburger	Limo	Cola	Saft	Wasser
Jana								—
Lina								—
Tim	—							
Uli	—							

3. Drei Zahlen ergeben zusammen 333. Die erste Zahl ist 99.
Die zweite Zahl ist doppelt so groß wie die dritte.

4. Eine dreistellige Zahl hat an der Einerstelle die kleinste ungerade Ziffer, an der Zehnerstelle die größte gerade Ziffer und an der Hunderterstelle die Differenz von beiden. Wie heißt die Zahl?

5. Drei Zahlen ergeben zusammen 270. Die zweite Zahl ist um 36 größer als die erste Zahl. Die dritte Zahl ist um 36 kleiner als die erste Zahl.

6. Sortiere drei Ziffern aus, so dass die verbleibende dreistellige Zahl ohne Umstellung der Ziffern
   a) möglichst groß ist: 8 1 3 5 4 6
   b) möglichst klein ist: 8 1 3 5 4 6
   c) möglichst groß und ungerade ist: 8 1 3 5 4 6
   d) möglichst klein und gerade ist: 8 1 3 5 4 6

Wiederholung: Sprungstrategien

Vor-Zurück

287 + 100

287 + 99

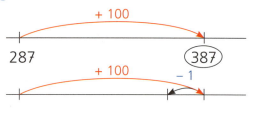

1. Rechne im Heft mit dem Zahlenstrahl.

a) 792 + 100
   792 + 99

b) 864 + 100
   864 + 99

c) 125 + 200
   125 + 199

d) 333 + 300
   333 + 298

2. Rechne zuerst die Aufgaben, die du im Kopf lösen kannst.
Notiere nur das Ergebnis. Rechne die anderen am Zahlenstrahl.

a) 328 + 100
   328 + 99
   328 + 102
   328 + 299
   328 + 303

b) 135 + 200
   253 + 199
   371 + 198
   498 + 197
   517 + 196

c) 435 + 300
   526 + 299
   647 + 299
   758 + 197
   869 + 98

d) 528 + ■ = 628
   528 + ■ = 627
   528 + ■ = 629
   528 + ■ = 827
   528 + ■ = 829

Zurück-Vor

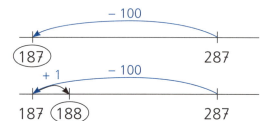

3. Rechne genauso im Heft.

a) 712 − 100
   712 − 99

b) 633 − 100
   633 − 98

c) 918 − 99
   278 − 98

d) 501 − 99
   603 − 97

4. Rechne im Kopf oder am Zahlenstrahl.

a) 457 − 100
   457 − 99
   457 − 199
   457 − 201

b) 629 − 200
   296 − 199
   924 − 198
   692 − 197

c) 863 − 300
   754 − 299
   645 − 299
   536 − 197

d) 528 − ■ = 328
   528 − ■ = 329
   528 − ■ = 327
   528 − ■ = 227

5. 61 + 99 + 199 + 98 + 299 − 198 − 99 − 199 − 199 =

Sachrechnen: Operationen finden

1. Welche Rechnungen passen?
   a) Im Spielwarengeschäft kauft Frau Kuschel für ihre Kinder 4 Bären. Jeder Bär kostet 35 Euro. Sie bezahlt mit zwei 100-Euro-Scheinen.
   b) Herr Kuschel kauft ein Spielzeugauto für 35 Euro und einen kleinen Ball für 4 Euro. Er bezahlt mit einem 100-Euro-Schein.
   c) Der kleine Paul Kuschel will 4 Holzflieger. Früher hat ein Flieger 100 Euro gekostet, jetzt ist er 35 Euro billiger.
   d) Pauls Schwester verkauft ihre 4 Puppen für jeweils 12 Euro. Außerdem bekommt sie von Oma Kuschel noch 35 Euro zum Geburtstag.

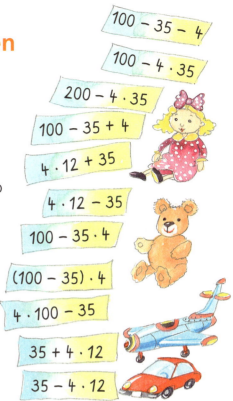

$100 - 35 - 4$
$100 - 4 \cdot 35$
$200 - 4 \cdot 35$
$100 - 35 + 4$
$4 \cdot 12 + 35$
$4 \cdot 12 - 35$
$100 - 35 \cdot 4$
$(100 - 35) \cdot 4$
$4 \cdot 100 - 35$
$35 + 4 \cdot 12$
$35 - 4 \cdot 12$

2. Wie rechnest du? Notiere deinen Weg:
erst · dann :, erst + dann −, erst : dann ·, erst · dann +, erst · dann − usw.
   a) Zum Gartenfest sollten 21 Gäste kommen. Leider sagen 5 Personen ab. Jeder Gast bekommt 3 Bratwürste.
   b) Es sitzen immer 4 Personen an einem Tisch. Auf jeden Tisch stellt Mutter Kuschel eine Vase mit 6 Blumen. Wie viele Blumen braucht sie?
   c) ● Vater Kuschel kauft für seine 4 Kinder jeweils 3 Lampions für das Gartenfest. Jeder Lampion kostet 6,50 Euro. Für das gleiche Geld hätte er auch 20 Kerzen bekommen. Wie viel kostet eine Kerze?
   d) Oma Kuschel ist am 4. Oktober 73 Jahre alt geworden. Sie geht jeden Tag um 9 Uhr ins Bett. Wie lange schläft sie in einer Woche?

3. Denke dir Textaufgaben aus zu den folgenden Aufgaben:

$40 - 3 \cdot 7$ $17 - 4 \cdot 3$

$4 \cdot 6 - 3$ $4 \cdot (6 - 3)$

$20 : 4 - 3$ $30 : 6 + 12$

Es gibt Comics im Angebot.
1 Comic kostet jetzt statt 10 Euro nur noch 7 Euro. Ninas Bruder will 3 kaufen und hat 40 Euro im Port-

Würfelbauten – Ansichten und Pläne

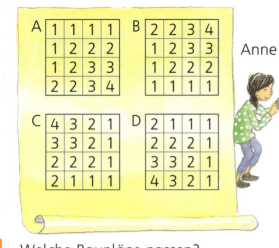

1. Welche Baupläne passen?

2. Wer hat welches Foto gemacht?

3. a) Zeichne zu jedem Bauwerk einen Bauplan.
  b) Wie viele Würfel fehlen zum nächstgrößeren Quader?

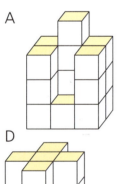
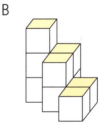
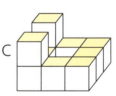
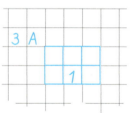
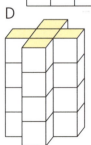
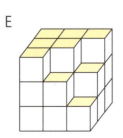
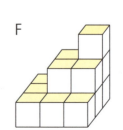
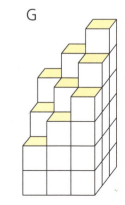

Wiederholung

1. Setze die Rechenzeichen + und − passend ein.

a) 120 ● 60 ● 7 = 53   b) 190 ● 40 ● 4 = 234   c) 115 ● 90 ● 3 = 28
   120 ● 60 ● 7 = 187   190 ● 40 ● 4 = 146   115 ● 90 ● 3 = 202
   120 ● 60 ● 7 = 67   190 ● 40 ● 4 = 226   115 ● 90 ● 3 = 22
   120 ● 60 ● 7 = 173   190 ● 40 ● 4 = 154   115 ● 90 ● 3 = 208

2. Setze auch hier + und − passend ein.

a) 180 ● 20 ● 9 = 209   b) 140 ● 70 ● 3 = 207   c) 165 ● 70 ● 3 = 238
   180 ● 30 ● 7 = 157   140 ● 10 ● 9 = 139   165 ● 40 ● 8 = 197
   180 ● 40 ● 5 = 135   140 ● 30 ● 1 = 109   165 ● 80 ● 7 = 92
   180 ● 10 ● 9 = 199   140 ● 20 ● 7 = 153   165 ● 30 ● 2 = 133
   180 ● 50 ● 5 = 225   140 ● 90 ● 4 = 234   165 ● 60 ● 6 = 231
   180 ● 30 ● 2 = 148   140 ● 40 ● 2 = 98   165 ● 20 ● 4 = 141

3. Schreibe nur die Aufgaben ins Heft, deren Ergebnis größer als 100 ist.

85 + 26	34 + 39	46 + 73	19 + 62	55 + 27	48 + 63
20 + 67	47 + 46	58 + 36	67 + 63	88 + 25	73 + 46
35 + 94	61 + 55	34 + 19	42 + 76	29 + 79	65 + 24
58 + 64	96 + 17	18 + 77	59 + 32	84 + 28	97 + 6
74 + 22	48 + 62	4 + 92	16 + 91	47 + 43	74 + 78

4. Die Ergebnisse eines Päckchens ergeben zusammen immer 100.

a)   7 · 8   b) 563 − 534   c) 321 − 276   d) 480 : 10
   100 − 68   320 : 10   630 : 90   230 · 0
   600 − 591   4 · 4   23 + 16   1000 − 964
    36 : 12   91 − 68   450 : 50   315 − 299

5. Jan baut mit Spielkarten. Wie viele Etagen könnten es werden, falls die Pyramide nicht vorher einfällt?
Wie viele Spielkarten hat er schon verbaut, wie viele braucht er noch?

  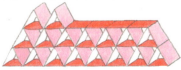

Vergrößern und verkleinern – Maßstab

Maßstab 1 : 100
1 cm auf dem Bild 100 cm in der Wirklichkeit

1.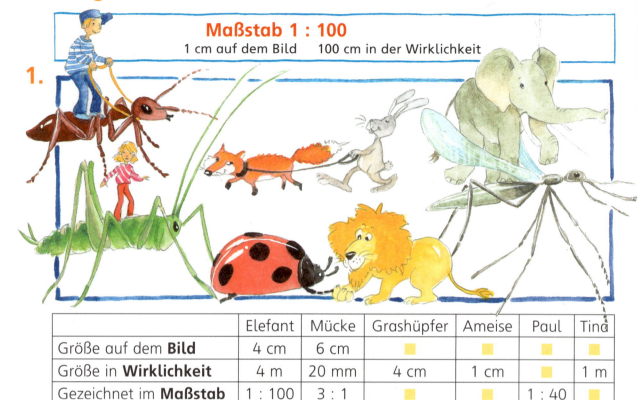

	Elefant	Mücke	Grashüpfer	Ameise	Paul	Tina
Größe auf dem **Bild**	4 cm	6 cm	■	■	■	■
Größe in **Wirklichkeit**	4 m	20 mm	4 cm	1 cm	■	1 m
Gezeichnet im **Maßstab**	1 : 100	3 : 1	■	■	1 : 40	■

a) Ergänze die fehlenden Angaben im Heft.
b) In welchem Maßstab könnten die anderen Tiere dargestellt sein? Schätze erst. Dann lege eine Tabelle an. Miss und informiere dich über die Größe der Tiere.

2. Zeichne doppelt so groß auf Karopapier.

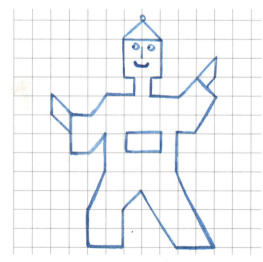

3. a) Ergänze, so dass jede Figur 2 Spiegelachsen hat.
b) Zeichne vergrößert im Maßstab 2 : 1.

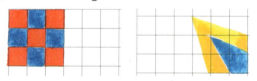

c) Zeichne verkleinert im Maßstab 1 : 2.

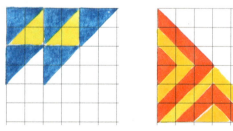

Teile eines Ganzen

1. Wie viel Pizza bekommt jedes Kind? Probiere es aus.

2.

Bäcker Plötz empfiehlt:
Pfirsichtorte   12 Euro
Erdbeertorte   16 Euro

Kuchen 1 kleines Blech
Stachelbeer   8 Euro
Rhabarber   6 Euro
Bienenstich   12 Euro

 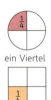  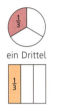

ein Halbes   ein Viertel   ein Achtel   ein Drittel   zwei Drittel

a) Wie viel Erdbeertorte bekommt man für 8 €, wie viel bekommt man für 4 €?
b) Wie viel kostet der halbe Stachelbeerkuchen?
c) Wie viel Pfirsichtorte bekommt man für 2 (3, 4, 6, 8, 9) Euro?
d) Was würdest du lieber kaufen: Ein Viertel vom Bienenstich oder den halben Rhabarberkuchen?

3. Welcher Teil der Fläche ist gefärbt?
Zeichne zu jedem Kreis ein Quadrat, bei dem der gleiche Anteil gefärbt ist.

4. Findet immer möglichst viele Möglichkeiten:
a) Falte ein Quadrat so, dass 4 (8) gleichgroße Teile entstehen.
b) Falte ein anderes Rechteck in 4 (8) gleichgroße Teile.
c) Falte. Wie groß ist die rote Fläche?

  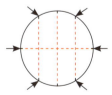

d) Beschreibe, wie du mit dem Zirkel einen Kreis in 6 gleiche Teile teilen kannst.

Teile eines Ganzen

1. Welchen Teil des Weges haben die Kinder zurückgelegt? Zeichne ab, miss und rechne.

2. Welches der Teilstücke ist: $\frac{1}{2}, \frac{1}{4}, \frac{1}{8}, \frac{3}{4}, \frac{3}{8}$?

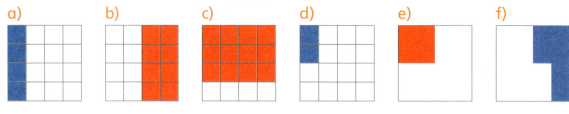

3. In der Musik werden die Notenlängen so bezeichnet:

○ ganze Note
♩ halbe Note
♪ Viertelnote

Ein $\frac{4}{4}$-Takt hat immer eine ganze Notenlänge

Klatsche im Rhythmus. Bei Wörtern sind die Silben verschieden lang. Zeichne die Takte in dein Heft und schreibe die passenden Wörter dahinter.

Ruderboot, Mäusefutter, Tierfuß, Schneeflocken, Huhn, Trompete, Papagei, Tot, Spielzeug, Eisenbahn, Auto, Geigenkasten, gelaufen, Anzahl, Frühstücksbrot, Hutschachtel, Brillenschlange, Großmutter, Getöse

4. Wie groß ist der rot gefärbte und wie groß ist der blau gefärbte Teil der Figuren?

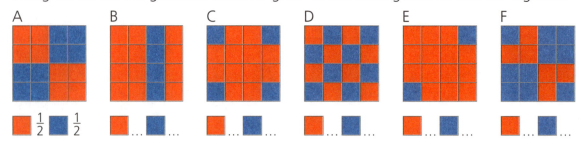

Sachrechnen: Zeit

1 h = 60 min	1 min = 60 s	1 Jahr = 12 Monate
$\frac{1}{2}$ h = 30 min	$\frac{1}{2}$ min = 30 s	$\frac{1}{2}$ Jahr = 6 Monate
$\frac{1}{4}$ h = 15 min	$\frac{1}{4}$ min = 15 s	$\frac{1}{4}$ Jahr = 3 Monate

1. Anna fährt mit dem Rad 25 min zum Park. Lena braucht $\frac{1}{4}$ h. Sie wollen sich um 15 Uhr treffen.

2. Es ist der 22. November. Aileen hat in einem Vierteljahr Geburtstag.

3. Jan schafft beim Schwimmen $\frac{1}{2}$ km in 15 Minuten.
Tobias hat für 700 m 20 Minuten gebraucht.

4. Uli behauptet:
Der Tag hat weniger als 1000 s.

5. Ralf hat in 4 Monaten Geburtstag, Erika in einem Vierteljahr.

6. Ümit fährt mit dem Rad zum Schloss. Er braucht heute eine Viertelstunde.
Gestern hat er 20 Minuten gebraucht.

7. Wandle um in

a) Minuten.

$\frac{1}{2}$ h $2\frac{3}{4}$ h
$\frac{3}{4}$ h $6\frac{1}{2}$ h
$\frac{1}{4}$ h $8\frac{1}{4}$ h
$1\frac{1}{4}$ h $8\frac{3}{4}$ h
$3\frac{3}{4}$ h $5\frac{1}{4}$ h

b) Sekunden.

$2\frac{1}{2}$ min $\frac{1}{4}$ min
$4\frac{1}{2}$ min $3\frac{1}{2}$ min
$5\frac{1}{2}$ min $\frac{3}{4}$ min
$11\frac{1}{2}$ min $2\frac{1}{4}$ min
$7\frac{1}{2}$ min $4\frac{3}{4}$ min

8. > oder < oder = ?

$1\frac{1}{4}$ h ● 75 min
$\frac{3}{4}$ h ● 62 min
$\frac{3}{4}$ h ● 15 min
$2\frac{1}{4}$ h ● 140 min
$1\frac{3}{4}$ h ● 110 min

9. Wandle um in

a) Monate.

$\frac{3}{4}$ Jahr $5\frac{1}{2}$ Jahre
$1\frac{1}{4}$ Jahre $1\frac{1}{2}$ Jahre
$\frac{1}{2}$ Jahr   9 Jahre
$\frac{1}{3}$ Jahr $3\frac{1}{2}$ Jahre
$3\frac{3}{4}$ Jahre $8\frac{3}{4}$ Jahre

b) Stunden.

$\frac{3}{4}$ Tag   1 Tag
$2\frac{1}{2}$ Tage $1\frac{1}{2}$ Tage
7 Tage $\frac{1}{2}$ Tag
5 Tage   7 Tage
$3\frac{1}{2}$ Tage $\frac{1}{4}$ Tag

10. > oder < oder = ?

36 Monate ● 3 Jahre
25 Monate ● 2 Jahre
10 Monate ● 1 Jahr
32 Tage ● 2 Monate
90 Tage ● 3 Monate

Größen umrechnen.

Länge – Gewicht – Volumen

1 m = 100 cm
$\frac{1}{2}$ m = 50 cm
$\frac{1}{4}$ m = 25 cm
1 km = 1000 m
$\frac{1}{2}$ km = 500 m
$\frac{1}{4}$ km = 250 m
$\frac{1}{8}$ km = 125 m

1. In der Textilstunde sollen Teddys genäht werden. Die Lehrerin hat $9\frac{1}{2}$ m Plüschstoff. Jedes Kind braucht $\frac{1}{2}$ m.

2. < oder > oder = ?

$1\frac{1}{4}$ m ● 59 cm
$1\frac{1}{2}$ m ● 136 cm
$\frac{3}{4}$ m ● 64 cm
$1\frac{1}{4}$ m ● 125 cm
$\frac{1}{2}$ m ● 50 cm
$\frac{1}{4}$ m ● 23 cm

3. Ella hat einen Stoffhund. Er ist 45 cm lang. Sein Schwanz ist halb so lang wie sein Körper.

4. Wie viel g wiegen die Sachen?

1 kg = 1000 g
$\frac{1}{2}$ kg = 500 g
$\frac{1}{4}$ kg = 250 g
$\frac{1}{8}$ kg = 125 g

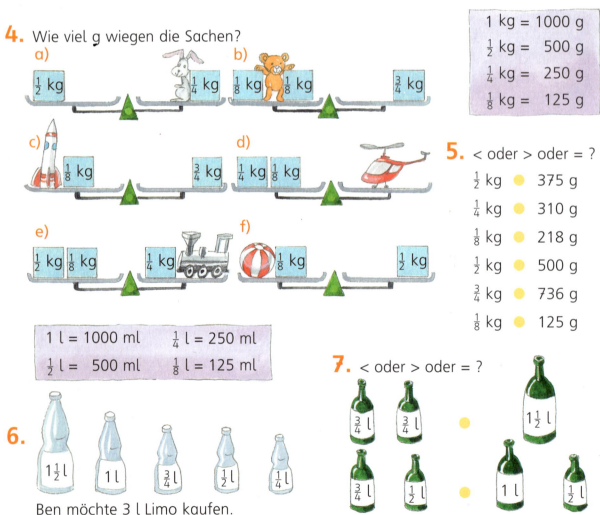

5. < oder > oder = ?

$\frac{1}{2}$ kg ● 375 g
$\frac{1}{4}$ kg ● 310 g
$\frac{1}{8}$ kg ● 218 g
$\frac{1}{2}$ kg ● 500 g
$\frac{3}{4}$ kg ● 736 g
$\frac{1}{8}$ kg ● 125 g

1 l = 1000 ml $\frac{1}{4}$ l = 250 ml
$\frac{1}{2}$ l = 500 ml $\frac{1}{8}$ l = 125 ml

6. Ben möchte 3 l Limo kaufen.

7. < oder > oder = ?

Mathemix

1. Das Klecksmonster war da. Welche Rechenzeichen fehlen? Schreibe ins Heft.

a) 3 · 8 = 48 : 2
   7   4 = 36   8
   9   7 = 60   4
   9   6 = 60   2

b) 3   8 = 2   12
   5   6 = 20   10
   7   7 = 3   14
   6   9 = 27   2

c) 4   7 = 20   9
   3   6 = 2   9
   14 8 = 11   2
   16 2 = 18   10

d) 8   8 = 50   2
   17 7 = 6   2
   20 2 = 9   2
   14 1 = 7   2

e) 48 8 = 18   3
   36 9 = 2   2
   36 9 = 3   9
   24 3 = 2   4

f) 35 7 = 1   5
    7 6 = 50   8
    5 5 = 50 25
   55 5 = 15   4

2. Welche Zahl passt nicht? Begründe.

a) 49, 14, 35, 43, 63, 28, 70
b) 33, 66, 25, 11, 88, 44, 22
c) 91, 55, 37, 17, 82, 46, 64
d) 37, 63, 81, 18, 27, 90, 54
e) 16, 2, 8, 64, 5, 32, 4
f) 67, 45, 89, 76, 56, 23, 12
g) 18, 33, 24, 15, 11, 27, 3
h) 68, 42, 56, 49, 30, 74, 92

3. Bilde Aufgaben. Brauchst du Klammern? Gibt es mehrere Lösungen?

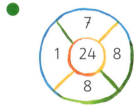    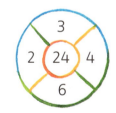

4. Anleitung für Sudokus

Ein Sudoku ist ein japanisches Zahlenrätsel. In jeder Zeile, in jeder Spalte und in jedem Neunerquadrat müssen die Ziffern von 1 bis 9 genau einmal vorkommen.
Welche Zahlen kommen in die freien Felder?

Dies ist ein Sudoku:

1	5	9	6	8	2	4	7	3
8	6	4	7	5	3	2	9	1
2	7	3	4	9	1	5	8	6
3	9	5				6	1	2
7	8	2				9	3	4
6	4	1				8	5	7
4	3	6	9	7	8	1	2	5
5	1	8	2	3	4	7	6	9
9	2	7	1	6	5	3	4	8

Halbschriftliche Multiplikation

Fatma rechnet	Göran rechnet	Archie rechnet	Sue rechnet
266 · 3 =	266 · 3 =	266 · 3 =	266 · 3 =
250 · 3 = 750	200 · 3 = 600	100 · 3 = 300	300 · 3 = 900
16 · 3 = 48	60 · 3 = 180	100 · 3 = 300	34 · 3 = 102
266 · 3 = 798	6 · 3 = 18	50 · 3 = 150	266 · 3 = 798
	266 · 3 = 798	10 · 3 = 30	
		6 · 3 = 18	
		266 · 3 = 798	

1. Wer bin ich: Fatma – Göran – Archie – Sue?
   a) Ich multipliziere zweihundert mit drei, anschließend sechzig mit drei und noch sechs mit drei. Die drei Produkte addiere ich.
   b) Ich weiß, wie viel zweihundertfünfzig mal drei sind.
      Das Ergebnis addiere ich zu dem Produkt von sechzehn mal drei.
   c) Drei mal dreihundert finde ich leicht, davon subtrahiere ich das Produkt von drei mal vierunddreißig.
   d) Ich multipliziere zwei mal hintereinander hundert mal drei, dann fünfzig mal drei, zehn mal drei und sechs mal drei. Meine Addition hat fünf Summanden.

2. a) Wie rechnest du? Schreibe den Rechenweg einer Aufgabe auf.
       Diktiere ihn anschließend einem Partner. Er soll so rechnen wie du.

   b) 299 · 3   c) 198 · 5   d) 119 · 7   e) 125 · 8
      137 · 4   118 · 6   206 · 4   250 · 4
      224 · 4   215 · 3   398 · 2   555 · 2
      412 · 2   131 · 6   121 · 8   897 · 0

Halbschriftliche Division

Mehmet rechnet

819 : 3 =
600 : 3 = 200
Rest 219
210 : 3 = 70
Rest 9
9 : 3 = 3
Rest 0
819 : 3 = 273

Mira rechnet

819 : 3 =
300 : 3 = 100
Rest 519
300 : 3 = 100
Rest 219
210 : 3 = 70
Rest 9
9 : 3 = 3
Rest 0
819 : 3 = 273

Fabian rechnet

819 : 3 =
750 : 3 = 250
Rest 69
60 : 3 = 20
Rest 9
9 : 3 = 3
Rest 0
819 : 3 = 273

Süley rechnet

819 : 3 =
900 : 3 = 300
81 zu viel
60 : 3 = 20
21 : 3 = 7
819 : 3 = 273

Das Monster macht die Probe.

273 · 3 = ?

1. Probiere verschiedene Rechenwege aus. Dein Partner soll anschließend herausfinden, wessen Weg du benutzt hast.

a) 264 : 3
   279 : 3
   279 : 9
   297 : 9

b) 480 : 6
   474 : 6
   498 : 6
   510 : 6

c) 616 : 7
   644 : 7
   665 : 7
   714 : 7

d) 200 : 5
   225 : 5
   260 : 5
   295 : 5

e) 354 : 6
   198 : 2
   156 : 4
   424 : 4

f) 413 : 7
   472 : 8
   152 : 4
   891 : 9

g) Notiere die Aufgaben, die du eigentlich auch im Kopf rechnen kannst.

h) Sind alle Aufgaben richtig? Kontrolliere mit der Probe oder dem Taschenrechner.

Rechter Winkel

1. Reiße von einem Blatt Papier dünn den Rand ab und falte so:

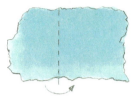 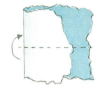

Legt dann alle eure **Faltwinkel** übereinander. Vergleicht.
Mit einem Faltwinkel kannst du prüfen, ob zwei Geraden
zueinander senkrecht sind. Faltwinkel sind rechte Winkel.

2. Rechter Winkel heißt so viel wie
richtiger Winkel. Schreibe auf,
wo du rechte Winkel findest.
Warum findest du so viele?

3. Zeichne mit der Schablone mehrere Geraden,
die zu g senkrecht sind.
Vergleiche diese Geraden miteinander.

4. Zeichne mit der Schablone. Achte auf rechte Winkel. Finde 17 Rechtecke.

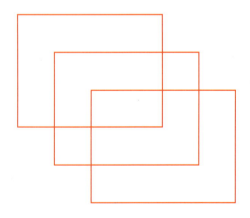 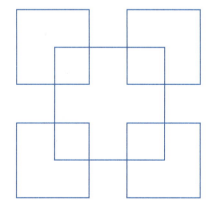

5. a) Zeichne Vierecke mit genau einem rechten Winkel.
b) Zeichne Vierecke mit genau zwei rechten Winkeln.
c) Zeichne Vierecke mit drei rechten Winkeln. Untersuche den vierten Winkel.

Häufigkeiten – Statistik

Wörter erraten

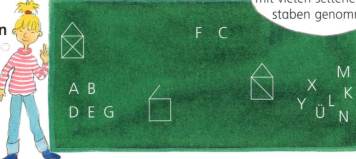

1. a) Nach welchen Buchstaben würdest du beim Raten zuerst fragen?
   b) Welche Wörter würdest du nehmen, wenn du das Wort aussuchen dürftest?

2. Untersucht gemeinsam den Text auf dieser Seite. Wie oft kommt jeder Buchstabe vor? Teilt euch die Arbeit.

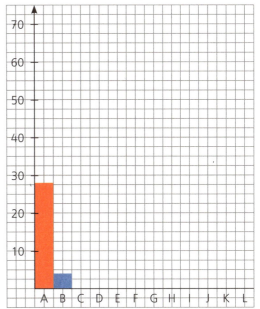

Der purpurne Fuchs

Es war einmal ein purpurner Fuchs. Der lief durch den Wald und hatte riesengroßen Hunger. Sein Bauch knurrte so laut, dass es im ganzen Wald schallte. Plötzlich sah der Fuchs eine eidottergelbe, flauschige Ente …
Als er die Ente verspeist hatte, legte er sich hin und schlief sofort ein.
Am nächsten Morgen wusch er sich im See, sah sein Spiegelbild im Wasser und erschrak fürchterlich:
Sein Fell war über Nacht eidottergelb geworden.
An diese Geschichte dachte Lara, als es beim Mittagessen Spinat gab.

3. a) Wie kommen die Kinder eurer Klasse zur Schule?

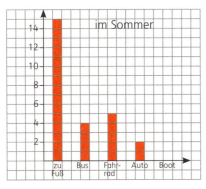
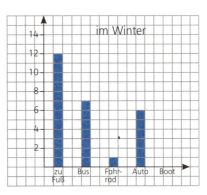

   b) Zeichnet ein Diagramm für alle Kinder der Schule.

Wiederholung

1. Wie viel kostet Monsters Freizeitausrüstung?

Ski mit Bindung	148 €
Tennisschläger	157 €
Inline-Skater	138 €
Knieschützer	62 €
Helm	49 €
Fallschirm	334 €
Sonnenbrille	21 €
Handschuhe	15 €

2. Wie viel kosten die Spielzeuge?

a)
b)
c)
d)

3. Wie lang ist der Schulweg?
  a) Vera holt Vanessa.
  b) Julian trifft Mark an der Tanne.
  c) Tobi geht beim Bäcker vorbei.
  d) Wer hat den weitesten Weg?
  e) Wer hat den kürzesten Weg?

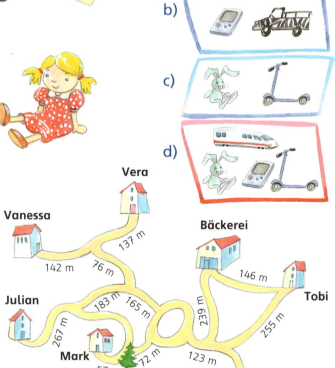

Sachrechnen: mehrere Summanden.

Sachrechnen: Informationen aus Tabellen entnehmen

Große Vögel	Länge (in cm)	Spannweite (in cm)	Gewicht (in kg)
Höckerschwan	150	210 bis 230	10 bis 12
Kranich	115	200 bis 230	4 bis 7
Bartgeier	110	240 bis 270	5 bis 7
Weißstorch	100	195 bis 215	3
Auerhahn	86	110 bis 120	bis 5
Steinadler	80	200 bis 220	3 bis 5
Uhu	70	160 bis 180	2 bis 3
und kleine Vögel			Gewicht (in g)
Goldhähnchen	9	15	5 bis 6
Girlitz	11	20	12
Zaunkönig	12	14	9
Schwanzmeise	14	18	7 bis 9

1. Stelle Vergleiche her und denke dir weitere Aufgaben aus.
Eine ■ ist 5-mal kleiner als ein ■. Die Spannweite eines ■ ist ungefähr doppelt so groß wie die eines ■. Ein ■ ist 10-mal so lang wie ein ■. Ein ■ ist ungefähr halb so schwer wie ein ■. Ein ■ ist fast 1000-mal schwerer als ein ■. Die Länge eines ■ ist ungefähr 70 cm größer als die eines ■. Das Gewicht eines ■ ist ungefähr 5 kg leichter als das eines ■. Die Spannweite eines ■ ist ungefähr 80 cm größer als die eines ■.

2. Eine Amsel beginnt am 18. April zu brüten.
a) Wann könnten ihre Jungen schlüpfen?
b) Wann könnten sie ihr Nest verlassen?
c) Denke dir weitere Aufgaben aus und löse sie.

	Brutdauer	Nestlingsdauer	Legezeit
Amsel	13 Tage	14 Tage	April bis Juni
Blaumeise	15 Tage	18 Tage	April bis Mai
Eichelhäher	17 Tage	3 Wochen	Mai bis Juni
Höckerschwan	36 Tage	130 Tage	Mai bis Juni

3. Ordne die richtigen Größenangaben zu.
REKORDE · REKORDE · REKORDE · REKORDE
Der kleinste bekannte Vogel der Welt ist die Hummelelfe. Sie hat eine Spannweite bis zu ■ und wiegt ungefähr ■. Der Wanderalbatros hat mit ■ die größte Spannweite. Der schwerste Flugvogel der Welt ist die Kori-Trappe. Eine Kori-Trappe wiegt bis zu ■.

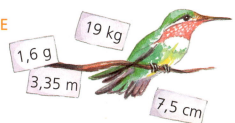

Informationen aus Tabellen entnehmen und mit diesen rechnen.
Aufgaben bilden.

Quadratzahlen, Primzahlen und Quersummen

1. Welche Zahlen sind Quadratzahlen?

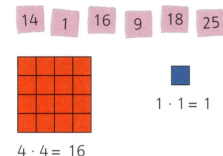

Nimm Würfel, lege mit diesen Zahlen alle möglichen Rechtecke und zeichne sie in dein Heft.

> Zahlen, die man als Quadrate legen kann, nennt man Quadratzahlen.

2. Finde weitere Quadratzahlen und sortiere.

3. 8 · 8 = 64   5 · 5   3 · 3   10 · 10   20 · 20   30 · 30
7 · 9 = 63   4 · 6   ■ · ■   ■ · ■   ■ · ■   ■ · ■

4. 5 · 5 − 4 · 4 = 9   5 + 4 = 9
9 · 9 − 8 · 8 = ■   9 + 8 = ■
4 · 4 − ■ · ■ = ■   ■ + ■ = ■

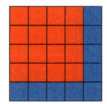

Suche mehr Aufgaben. Findest du eine Erklärung?

Was ist eine Quersumme?

> Wenn man die einzelnen Ziffern einer Zahl addiert, erhält man ihre Quersumme.

5. Bilde von folgenden Zahlen die Quersumme:
33, 56, 74, 81, 14, 60, 79, 41, 92, 346, 123, 703, 438, 699, 300, 847, 256, 774.

6. Suche jeweils drei Zahlen mit diesen Quersummen: 3, 7, 9, 5, 11, 14, 1, 19, 10.

7. a) Subtrahiere von den folgenden Zahlen ihre Quersumme:
68, 45, 76, 94, 27, 83, 51, 19, 32.   Schreibe so: 6 8 − 1 4 =
                                                     4 5 −   9 =

b) Bilde weitere Aufgaben. Sieh dir die Ergebnisse an. Was fällt dir auf?

8. Welche Zahlen sind Primzahlen?

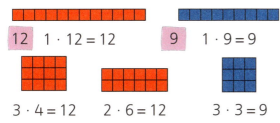

Nimm Würfel, lege mit diesen Zahlen alle möglichen Rechtecke, zeichne sie in dein Heft und schreibe die passende Malaufgabe dazu.

12 und 9 sind keine Primzahlen:

Das sind Primzahlen:

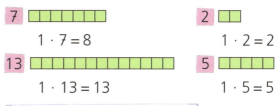

1 · 7 = 8
1 · 2 = 2
1 · 13 = 13
1 · 5 = 5

12 1 · 12 = 12   9 1 · 9 = 9
3 · 4 = 12   2 · 6 = 12   3 · 3 = 9

Mit Primzahlen kann man nur „Schlangen" legen.

9. Durch welche Zahlen kannst du eine Primzahl teilen?

10. Finde Primzahlen. Du kannst die Tabelle im Übungsteil nutzen.

1	2	3	4	5	6
7	8	9	10	11	12
13	14	15	16	17	18
19	20	21	22	23	24
25					
31					
37					
43					
49					
55					
61					
67					
73					
79					
85					
91					
97					

Die 1 ist keine Primzahl.

So findest du alle Primzahlen:
1. Die 1 ist keine Primzahl. Streiche sie durch.
2. Die 2 ist die kleinste Primzahl. Alle anderen Zahlen der Zweier-Reihe sind keine Primzahlen. Streiche sie durch.
3. Die 3 ist eine Primzahl. Alle anderen Zahlen der Dreier-Reihe sind keine Primzahlen. Streiche sie durch.
4. Die 5 ist eine Primzahl. Alle anderen Zahlen der Fünfer-Reihe sind keine Primzahlen. Streiche sie durch.
5. Die 7 ist eine Primzahl. Alle anderen Zahlen der Siebener-Reihe sind keine Primzahlen. Streiche sie durch.

11. Primzahl-Zwillinge: 11 und 13 sind Primzahl-Zwillinge. In der Zahlenreihe steht nur eine Zahl dazwischen. 11—12—13 Findest du noch andere?

Palindrome

1. Welche Wörter sind Palindrome?
   RADAR, REITTIER, LAGER, RENTNER, REGEN, GAG, KAJAK.

2. Welche Zahlen sind Palindrome?
   1515, 7447, 442244, 12345, 606, 835538, 666.

3. Schreibe selbst Palindrome auf.

4. Jede UHU-Zahl hat eine verwandte UHU-Zahl: 676 767
   a) Schreibe zu den folgenden UHU-Zahlen ihre Verwandten auf:
      464, 929, 353, 868, 171, 282, 343, 606, 898, 575
   b) Bilde die Differenz zweier verwandter UHU-Zahlen.
      Beispiel: 494 949   949 – 494
   c) Rechne möglichst viele Aufgaben. Schau dir dann die Ergebnisse an. Was entdeckst du?

5. 24 und 42, 48 und 84, 19 und 91, … sind Spiegelzahlen.
   • Wähle eine Zahl und addiere ihre Spiegelzahl. Ist es ein Palindrom?
   Wenn nicht, dann bilde vom Ergebnis die Spiegelzahl und addiere sie.
   Was entdeckst du?

6. Riesenmonsterpalindrome addieren. Schreibe ins Heft.

   ```
     1 2 3 4 5 6 6 5 4 3 2 1        2 4 6 8 2 4 4 2 8 6 4 2
   + 3 4 5 6 7 8 8 7 6 5 4 3      + 3 5 7 9 3 5 5 3 9 7 5 3
   ```

Sachrechnen aus einer Rechenkartei von 1930

Aus einer alten Rechenkartei

Der fixe Rechner

Karten zur Übung und Prüfung im selbständigen Rechnen
3. Schuljahr

Preis Mk. 1.50

Der Unterschied zweier Zahlen ist 67. Die größere heißt 249.

Jemand geht regelmäßig um 10 Uhr abends zu Bett und steht um 7 Uhr morgens auf. Wie viel Zeit verbringt er wöchentlich im Bette zu?

Ich bin 3 $\frac{1}{2}$ Jahre jünger als meine Schwester, die 12 Jahre 4 Monate alt ist.

In einem Möbellager stehen drei Küchenschränke. Der erste kostet 250 M, der zweite 365 M. Wie viel kostet der dritte, wenn alle drei zusammen 1 000 M kosten?

Wenn ich 48 von einer Zahl subtrahiere, bekomme ich 175.

Mein Bruder, der 12,50 M in der Sparbüchse hatte, besaß 3,50 M weniger als ich.

Zu 6 x 13 zähle 3 x 15 und 7 x 12 und 4 x 16! Nimm von der Summe 149 fort. Wie viel fehlt an 500?

In Koblenz besteigen 165 Personen einen Rheindampfer, in Neuwied kommen noch 48 dazu, in Königswinter steigen 120 aus, aber 175 ein, in Bonn steigen 200 aus und 180 ein, in Köln steigen 160 Personen aus. Wie viele fahren weiter?

Textaufgaben aus alter Zeit.

Addition und Subtraktion

Schriftlich oder im Kopf?

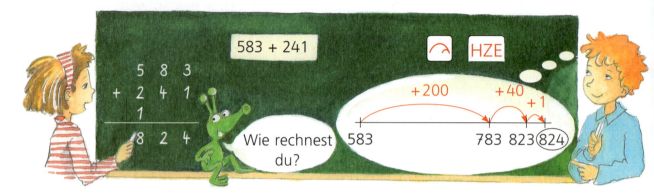

1. Rechne zuerst die Aufgaben, die du im Kopf lösen kannst. Notiere nur das Ergebnis. Rechne anschließend den Rest schriftlich. Vergleiche und begründe. Was geht schneller, was ist sicherer?

a) 207 + 315	f) 700 + 35	k) 720 + 35	p) 816 + 95	u) 245 + 103
b) 467 + 99	g) 305 + 107	l) 486 + 259	q) 342 + 98	v) 500 + 98
c) 724 + 28	h) 234 + 678	m) 432 + 201	r) 589 + 76	w) 636 + 38
d) 458 + 302	i) 800 + 112	n) 476 + 268	s) 537 + 212	x) 123 + 264
e) 487 + 9	j) 203 + 462	o) 199 + 217	t) 302 + 465	y) 516 + 77

2. Was ist leichter? Entscheide zuerst. Dann rechne schriftlich oder im Kopf.

a) 315 − 207	f) 700 − 35	k) 720 − 35	p) 816 − 95	u) 245 − 103
b) 467 − 99	g) 305 − 107	l) 486 − 259	q) 342 − 98	v) 500 − 98
c) 724 − 28	h) 678 − 234	m) 432 − 201	r) 589 − 76	w) 636 − 38
d) 458 − 302	i) 800 − 112	n) 476 − 268	s) 537 − 212	x) 264 − 123
e) 487 − 9	j) 462 − 203	o) 217 − 199	t) 465 − 302	y) 516 − 77

Mathemix

1.
```
        1 + 2 = 3
      4 + 5 + 6 = 7 + 8
   9 + 10 + 11 + 12 = 13 + 14 + 15
16 + 17 + 18 + 19 + 20 = 21 + 22 + 23 + 24
         Wie geht es weiter?
```

2. Schreibe die Zahlen von 1 bis 10 mit vier Vieren. Benutze dabei Klammern und +, –, ·, und :.

$1 = (4 + 4) : (4 + 4)$
$2 = 4 : 4 + 4 : 4$
$3 =$
$4 =$
und so weiter.
Versuche es auch mit vier Fünfen.
Versuche, ob alle Zahlen von 1 bis 30 gehen.

3. Schöne Muster
Geht es immer so weiter?

$$1 = 1 \cdot 1$$
$$1 + 3 = 2 \cdot 2$$
$$1 + 3 + 5 = 3 \cdot 3$$
$$\vdots$$
$$2 = 1 \cdot 2$$
$$2 + 4 = 2 \cdot 3$$
$$2 + 4 + 6 = 3 \cdot 4$$
$$2 + 4 + 6 + 8 = 4 \cdot 5$$
$$\vdots$$
$$1 = 1 \cdot 1$$
$$1 + 2 + 1 = 2 \cdot 2$$
$$1 + 2 + 3 + 2 + 1 = 3 \cdot 3$$

Was ergibt sich, wenn in der Mitte eine 10 steht?
Wann ergibt sich 8 · 8?
Wann ergibt sich 81, wann 121?

4. Was passiert?
a) Denke dir eine Zahl bis 20.
   Gehe nach folgender Regel vor:
   1. Wenn deine Zahl gerade ist, dann teile durch 2.
   2. Wenn deine Zahl ungerade ist, dann addiere 3.
   Mache mit der neuen Zahl nach der gleichen Regel weiter.
b) Untersuche andere Zahlen.

5. Zahlenpaare
a) Kannst du so Paare mit den Zahlen 0, 1, 2, …, 8, 9 bilden, dass jedes Paar die gleiche Summe hat?
b) Kannst du es auch mit geraden Zahlen von 2 bis 20?
c) Mit den ungeraden Zahlen von 3 bis 21?
d) Mit den geraden Zahlen von 2 bis 100?

Folgen

1. Wie viele Quadrate sind es? Wie viele Dreiecke sind es?
Setze die Folgen fort. Zeichne die Dreiecke mit der Schablone.

1   4   ▪   ▪   1   4   ▪

2. a) Zeichne 2, 3, 4, 5, 6 … Geraden so, dass möglichst viele Schnittpunkte entstehen.
b) Lege dazu eine Tabelle an:

Geraden		2	3	4	5	6	7
Schnittpunkte	1						

c) Vergleiche und beschreibe. Um wie viel nimmt die Anzahl der Schnittpunkte jeweils zu? Kannst du das erklären?
d) Findet ihr in euren Zeichnungen zueinander parallele Geraden? Erklärt.

3. a) Zeichne mit der Schablone. Wie viele Rechtecke findest du in jeder Figur?

A	3
B	
C	

b) Wie viele Rechtecke sind es, wenn der Streifen aus 5, aus 6, aus 10, aus 20 oder gar aus 100 Quadraten besteht?

4. Welche Zahl passt nicht in die Folge? Begründe.
   a) 79, 70, 61, 52, 41, 34
   b) 17, 21, 25, 29, 32, 37
   c) 25, 36, 47, 57, 69, 80
   d) 1, 3, 6, 8, 16, 18, 38
   e) 7, 6, 17, 16, 27, 25, 37
   f) 12, 6, 24, 12, 48, 36

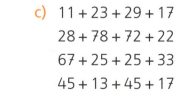

a) Immer −9; 41 ist falsch

5. Rechne geschickt.
   a) 13 + 14 + 17
      41 + 38 + 59
      35 + 39 + 41
      29 + 30 + 31

   b) 38 + 19 + 11
      77 + 12 + 23
      63 + 42 + 28
      14 + 27 + 16

   c) 11 + 23 + 29 + 17
      28 + 78 + 72 + 22
      67 + 25 + 25 + 33
      45 + 13 + 45 + 17

Sachrechnen: Entfernungen und Kilometerstände

1. Beschreibe verschiedene Wege von Hamburg nach München.

2. Von Frankfurt nach Karlsruhe sind es 142 km. Von Freiburg nach Karlsruhe sind es 134. Wie weit ist es von Frankfurt nach Freiburg?

3. Schätze die Entfernungen (in km).
  a) Hamburg–München (100–400–800)
  b) Frankfurt–Nürnberg (100–225–675)
  c) Köln–Freiburg (150–430–700)
  d) Berlin–Dresden (50–200–525)

4. a) Übertrage die Entfernungstabelle in dein Heft und fülle sie aus.

	Bremen	Dortmund	Frankfurt	Hannover	Köln
Bremen					312
Dortmund	233		208	83	
Frankfurt	466	264			189
Hannover	125		352		
Köln			287		

b) Herr Schipper ist Fahrer eines Lastwagens. Am Mittwoch fährt er von Frankfurt über Hannover nach Bremen. Am Donnerstag von Bremen über Dortmund und Köln zurück nach Frankfurt. Wie viele Kilometer ist er am Mittwoch gefahren? Wie viele am Donnerstag? Und insgesamt? Am Ende steht der Tacho auf 997. Wie stand er am Anfang? Eine Skizze kann dir helfen.

5. Übertrage die Tabelle in dein Heft und ergänze sie.

Kilometerstand Start	Ziel	Entfernung
■	919	578
■	909	578
147	■	378
147	■	368
147	■	369
235	708	■
237	710	■
340	813	■
137	510	■

Kilometerstand Start	Ziel	Entfernung
286	■	428
■	■	628
■	■	648
■	■	645
■	■	644
■	■	634
■	■	635
■	■	235
■	■	225

Vierlinge und Fünflinge

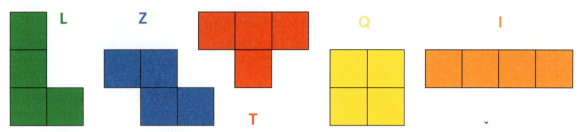

1. a) Das sind Vierlinge aus Quadraten. Gibt es noch andere?
   b) Zeichne und schneide jeden Vierling vier mal aus. Lege aus vier Vierlingen Figuren. Zeichne sie ins Heft. Dein Partner soll sie nachlegen.

2. Kommt an den Vierling noch ein Quadrat, wird es ein Fünfling.
   Beim **L** sieht das so aus:

   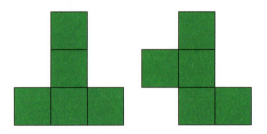

   a) Welche anderen Fünflinge entstehen noch aus dem **L**? Probiere und zeichne.
   b) Welche Fünflinge entstehen aus **Z**, **T**, **Q** und **I**?

3. Aus einigen Fünflingen kann man offene Kisten bauen.
   Hier klappt es!   a) Wie ist es hier?

    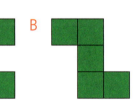 

   b) Finde alle Fünflinge, aus denen offene Kisten entstehen können.

4. Der Kistenmacher baut aus Fünflingen offene Kisten. Die Fünflinge schneidet er aus Rechtecken aus.
   Er möchte möglichst wenig Abfall haben. Welche Fünflinge kann er nehmen? Findet mehrere Möglichkeiten.

   So viel Abfall!

Flächeninhalte

1. Wie viele Kästchen sind es? Finde zu jeder Figur mehrere Aufgaben.

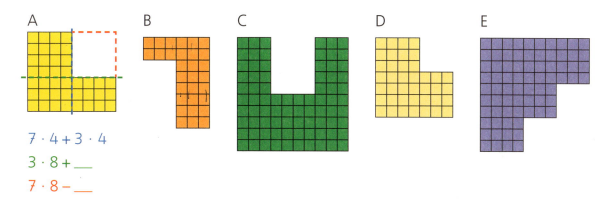

7 · 4 + 3 · 4
3 · 8 + __
7 · 8 − __

2. Zeichne zu den Aufgaben passende Figuren auf Gitterpapier.
8 · 4 + 6 · 2   9 · 9 − 3 · 4   6 · 9 + 2 · 5   7 · 9 − 2 · 6   6 · 3 + 8 · 10

3. Zeichne. Vergleiche die Figuren und die Ergebnisse.
Setze die Folge fort.
2 · 2 − 1 · 1   3 · 3 − 2 · 2   4 · 4 − 3 · 3   5 · 5 − 4 · 4   6 · 6 − 5 · 5

4. a) Wie viele Kästchen sind gefärbt? Zeichne die Dreiecke ab und schreibe auf, wie du rechnest.

b) Vergleiche gleichfarbige Dreiecke. Beschreibe.

Terme veranschaulichen. Flächen bestimmen.

Mathemix

1. Schreibe die Zahlen in dein Heft.
   Welche Zahl passt nicht zu den anderen?
   Streiche sie durch und begründe
   deine Streichung.
   Finde eigene Zahlen für deinen Partner.

   17 87 65 47 97
   4 16 64 53 32 8
   12 33 21 18 9 14
   37 11 17 21 23

2.
	Quersumme			Quersumme
9 · 1 = 9	9		7 · 1 = 7	7
9 · 2 = 18	9		7 · 2 = 14	5
9 · 3 = __	__		7 · 3 = 21	3
...			...	
8 · 1 = 8	8		11 · 1 = 11	2
8 · 2 = 16	7		11 · 2 = 22	4
8 · 3 = __	__		11 · 3 = __	

   Wie ist die Quersumme bei anderen Multiplikationsreihen?

3. Finde die Regel für die Zahlenfolgen.
   Wie geht es weiter?
   17, 21, 19, 23, 21, ...
   6, 18, 10, 30, 22, ...
   15, 45, 25, 75, 55, ...
   7, 14, 11, 22, 19, ...

Regel	
+ 4	− 2

4.
   Mittwoch, den 26. Mai

   Liebe Oma,
   gestern haben wir am See Federball gespielt und heute waren wir baden. Papa sagt, dass wir morgen Boot fahren, wenn das Wetter schön ist, weil dann mein Geburtstag ist. In einer Woche fahren wir zurück, dann sind die Ferien vorbei. Aber am letzten Wochenende im nächsten Monat kommen wir nochmal hierher.
   In zwei Wochen hat Mama Geburtstag. Im letzten Monat habe ich beim Fußball-Turnier schon in der 3. Minute ein Tor geschossen und wir haben gewonnen.
   Liebe Grüße
   dein Thomas

   An welchem Wochentag hat Thomas Federball gespielt? In welchem Monat war das Fußball-Turnier? Wie viele Tore hat Thomas insgesamt in dem Spiel geschossen? Wann kommt er wieder hierher zurück? An welchem Wochentag hat er Geburtstag? Wie viele Sonntage gibt es in diesem Mai? Wann fährt Thomas aus den Ferien nach Hause?

5. Untersuche.

   3 · 8 − 4 · 6   2 · 2 − 1 · 3
   4 · 9 − 5 · 7   3 · 3 − 2 · 4
   5 · 10 − 6 · 8   4 · 4 − 3 · 5
   ⋮   ⋮
   13 · 18 − 14 · 16   88 · 88 − 87 · 89

   Was ist deine Vermutung? Begründe.

6.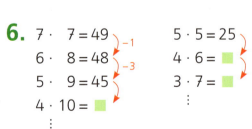

   Beginne mit anderen Quadratzahlen.

Körper und Flächen

1. Eine Schachtel wird gekippt. Am Anfang liegt immer der Deckel mit dem Quadrat darauf oben.

Liegt am Ende der Deckel oder der Boden oben?

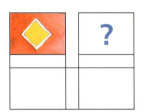

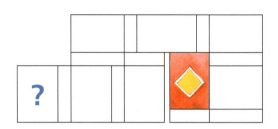

2. Finde verschiedene Wege. Vergleiche die Lage der Schachtel.

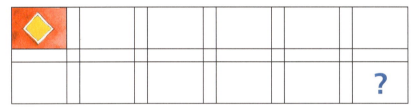

3. Vergleiche an verschiedenen Quadern gegenüberliegende Flächen. Schneide dazu Quader auseinander oder stelle die Quader auf Papier, umfahre ihre Flächen und schneide aus.

4. Warum ist ein Würfel ein ganz besonderer Quader?

Auf dem Spielplatz liegen am Abend noch Bausteine.
Welche von den 7 Körpern unten könnten es sein? Prüfe, indem du solche Körper gegen das Licht hältst und dabei ein Auge zukneifst.

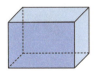   

Körper

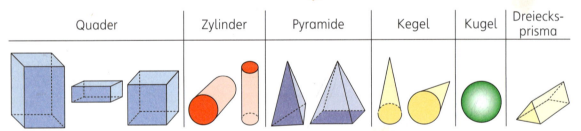

1. Finde im Bild mindestens 10 Quader, 22 Kugeln und 9 Zylinder.

2. Wie viele Ecken, Kanten und Flächen haben die Körper? Zeichne eine Tabelle.

3. Mit wie vielen solchen Teilen jongliert der Artist?

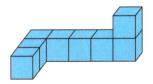

Körper zeichnen

1. Wo siehst du einen Würfel?

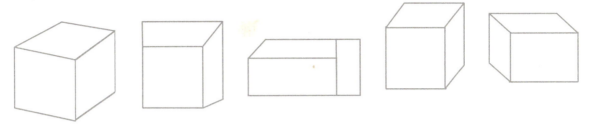

2. Zeichne Würfel mit einer Kantenlänge von …

a) 4 Kästchen.   b) 6 Kästchen.   c) 8 Kästchen.
                                    d) 10 Kästchen.
                                    e) 2 Kästchen.
                                  • f) 5 Kästchen.

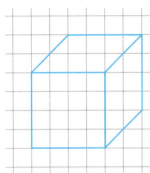   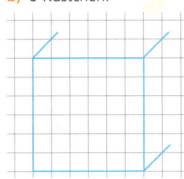

3. Zeichne die Würfelgebäude ab.

a)   b)   c)   ↻ d) Baue und zeichne
                           eigene Würfelgebäude.

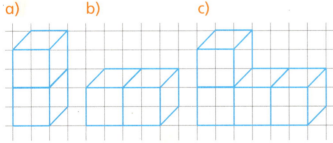

4. Rechne geschickt. $5 \cdot 7 \cdot 20 = 100 \cdot 7 = 700$

a) 25 · 9 · 4   b) 5 · 7 · 4   c) 6 · 3 · 25   d) 40 · 4 · 5
    5 · 6 · 20   25 · 3 · 4   8 · 30 · 5   2 · 9 · 50
    8 · 3 · 25   8 · 7 · 5   4 · 4 · 50   17 · 5 · 2
   50 · 7 · 2   5 · 9 · 6   20 · 7 · 5   5 · 25 · 4
    9 · 8 · 25   5 · 19 · 4   25 · 7 · 8   4 · 6 · 25

Schrägbilder zeichnen. Geschickt rechnen.

Zeit – Informationen aus Tabellen

Schulferien

Land	Weihnachten	Ostern/Frühjahr	Himmelfahrt/Pfingsten	Sommer	Herbst	Weihnachten
Baden-Württemberg	22.12.– 5. 1.	9.4.–20.4.	28.5.– 9.6.	26.7.– 8.9.	29.10.– 2.11.	22.12.– 5. 1.
Bayern *	27.12.– 8. 1.	9.4.–21.4.	5.6.–16.6.	26.7.–10.9.	29.10.– 3.11.	24.12.– 5. 1.
Berlin 1)	22.12.– 2. 1.	14.4.–30.4.	25.5.	19.7.– 1.9.	27.10.– 3.11.	22.12.– 5. 1.
Brandenburg 2)	22.12.– 2. 1.	17.4.–30.4.	–	19.7.– 1.9.	29.10.– 3.11.	24.12.–31.12.
Bremen	22.12.– 6. 1.	26.3.–17.4.	–	28.6.–11.8.	1.10.–13.10.	24.12.– 5. 1.
Hamburg *	21.12.– 1. 1.	5.3.–17.3.	21.5.–26.5.	19.7.–29.8.	15.10.–27.10.	24.12.– 5. 1.
Hessen	27.12.–13. 1.	9.4.–20.4.	–	21.6.– 3.8.	1.10.–13.10.	24.12.–11. 1.
Mecklenburg-Vorpommern 3)	20.12.– 2. 1.	9.4.–18.4.	1.6.– 5.6.	19.7.–29.8.	22.10.–27.10.	19.12.– 2. 1.
Niedersachsen *	22.12.– 6. 1.	30.3.–17.4.	25.5.+5.6.	28.6.– 8.8.	1.10.–13.10.	24.12.– 5. 1.
Nordrhein-Westfalen	22.12.– 6. 1.	9.4.–21.4.	–	5.7.–18.8.	8.10.–20.10.	24.12.– 5. 1.
Rheinland-Pfalz	22.12.– 5. 1.	5.4.–20.4.	–	28.6.–10.8.	1.10.–12.10.	21.12.– 4. 1.
Saarland *	22.12.– 6. 1.	9.4.–28.4.	25.5.	21.6.– 1.8.	1.10.–13.10.	21.12.– 5. 1.
Sachsen 4)	22.12.– 2. 1.	12.4.–21.4.	2.6.– 5.6.	28.6.– 8.8.	8.10.–19.10.	22.12.– 2. 1.
Sachsen-Anhalt 5)	27.12.– 2. 1.	17.4.–30.4.	25.5.	28.6.– 8.8.	4.10.–13.10.	20.12.– 5. 1.
Schleswig-Holstein	27.12.– 6. 1.	9.4.–24.4.	–	19.7.– 1.9.	22.10.– 3.11.	24.12.– 5. 1.
Thüringen 6)	22.12.– 6. 1.	9.4.–21.4.	1.6.– 5.6.	28.6.– 8.8.	15.10.–20.10.	21.12.– 5. 1.

Winterferien: 1) 3.2.–17.2. 2) 5.2.–16.2. 3) 5.2.–16.2.
4) 12.2.–23.2. 5) 12.2.–24.2. 6) 5.2.–10.2.
* Bayern 26.2., Hamburg 30.4., Niedersachsen 30.4., Saarland 26.2. und 27.2.
Angegeben ist jeweils der erste und letzte Ferientag.   Alle Angaben ohne Gewähr.

1. Wie viele Ferientage habt ihr?

2. Wie viele Schultage hat das Jahr bei euch?

   1 Jahr hat ■ Monate.
   1 Jahr hat ■ Wochen.
   1 Jahr hat ■ Tage.

3. Ist es in allen Bundesländern gleich?

4. Gero zieht am 1. 8. von Hessen nach Bayern.

Denkt euch weitere Fragen aus und lasst sie beantworten.

5. Wann sind bei euch Ferientage?

Stuttgart, 20. Juni

Liebe Lara,

wir haben uns lange nicht mehr gesehen. Wie wäre es denn, wenn du mich in deinen Sommerferien einmal besuchen kommst? Ich würde mich sehr darüber freuen. Komm doch mit dem Zug. Ich hole dich ab.

Ganz liebe Grüße
von deiner Oma

P.S.: Wenn du kommst, gibt es Kirschtorte.

Braunschweig Hbf → **Stuttgart Hbf**								
Ab	Zug	Umsteigen	An	Ab	Zug		An	Verkehrstage
4:20	RE 14002	Hannover Hbf	5:05	5:18	ICE 591	🍴	9:08	Mo - Sa 01
5:20	RE 14202	Hannover Hbf	6:05	6:26	ICE 581	🍴		täglich
		Würzburg Hbf	8:30	8:37	RE 4955	☕	10:53	
5:51	IC 2136 ☕	Hannover Hbf	6:26	6:41	ICE 571	🍴	10:33	Mo - Sa 02
5:58	ICE 871 🍴	Mannheim Hbf	9:28	9:33	ICE 513		10:08	Mo - Fr 03
6:20	RE 14004	Hannover Hbf	7:05	7:22	ICE 1071	R🍴		Mo - Fr 04
		Frankfurt(M)Hbf	9:28	9:50	ICE 1091		11:08	
6:51	IC 2013 ☕	Hannover Hbf	7:23	7:41	ICE 71	🍴		Mo - Sa 02
		Frankfurt(M)Hbf	10:00	10:20	IC 2297	☕	11:53	
6:51	IC 2013 ☕						14:46	Mo - Sa 02
6:58	ICE 593 🍴						11:08	Sa, So 05
7:58	ICE 277 🍴	Mannheim Hbf	11:28	11:33	ICE 515	☕	12:08	täglich
8:58	ICE 595 🍴						13:08	täglich
9:58	ICE 875 🍴	Mannheim Hbf	13:28	13:33	ICE 517	☕	14:08	täglich
10:58	ICE 597 🍴						15:08	täglich
11:58	ICE 877 🍴	Mannheim Hbf	15:28	15:33	ICE 519	☕	16:08	täglich
12:58	ICE 109 🍴						17:08	täglich
13:58	ICE 279 🍴	Mannheim Hbf	17:28	17:33	ICE 611	☕	18:08	täglich
14:58	ICE 691 🍴						19:08	täglich
15:58	ICE 879 🍴	Mannheim Hbf	19:28	19:33	ICE 613	☕	20:08	täglich
16:58	ICE 693 🍴						21:08	täglich
17:58	ICE 977 🍴	Mannheim Hbf	21:28	21:33	ICE 615	☕	22:08	täglich
18:20	RE 14016	Hannover Hbf	19:05	19:26	ICE 885	🍴		Mo - Fr, So 06
		Würzburg Hbf	21:30	21:37	RE 19985		23:53	
18:51	IC 2144 ☕	Hannover Hbf	19:23	19:41	ICE 677			Mo - Fr, So 06
		Karlsruhe Hbf	23:07	23:19	RE 19125		0:36	
18:58	ICE 695 🍴						23:08	Sa 07
19:58	ICE 971	Mannheim Hbf	23:41	23:46	IC 2215		0:40	08
19:58	ICE 971	Mannheim Hbf	23:41	23:46	IC 2315		0:40	09

6. Welche Züge fahren nicht am Samstag?

7. Bei welchen Zügen muss man nur einmal umsteigen?

8. Welche Züge kommen zwischen 13 Uhr und 16 Uhr an?

9. Wie lange fährt der ICE 597 von Braunschweig nach Stuttgart?

10. Welche Zugverbindung ist die schnellste?

11. Wann ist der Aufenthalt am längsten?

12. Lara möchte zum Kaffee da sein.

13. Sie wohnt nur 5 min vom Bahnhof entfernt.

Fahrplan lesen. Zeitdauer bestimmen.

Geheimschriften

A B C D E F G H I J K L M N O P Q R S T U V W X Y Z

Es gibt viele Geheimschriften. So kann man zum Beispiel statt eines Buchstabens immer einen anderen schreiben, der 2 Buchstaben weiter hinten im Alphabet steht. Das sieht dann so aus:

YKT VTGHHGP WPU CO VGKEJ!

1. Schreibe eine Botschaft für andere Kinder.

2. Du findest eine Geheimbotschaft und weißt nicht, um wie viele Buchstaben verschoben wurde. Wie kannst du die Botschaft entschlüsseln?

XJS HFIFO OBDI EFS TDIVMF AVTBNNFO CBEFO VOE FJT FTTFO.

3. Die Geheimschrift des Polybios

Vor einiger Zeit fand man in Griechenland alte Tonscherben, die nur Zahlen enthielten. Zuerst glaubten einige, es handele sich um Rechnungen. Aber man fand heraus, dass es sich um eine Geheimschrift, einen Code, handelte. Der Erfinder dieser Geheimschrift hieß Polybios. Er war ein Schriftsteller, der vor über zweitausend Jahren in Griechenland lebte. Polybios hat sich ausgedacht, die Buchstaben in einen Kasten mit 5 · 5 Kästchen zu schreiben:

	1	2	3	4	5
1	A	B	C	D	E
2	F	G	H	I/J	K
3	L	M	N	O	P
4	Qu	R	S	T	U
5	V	W	X	Y	Z

Also war A = 11, B = 12, E = 15, R = 42, K = ■, T = ■, L = ■, …
Was bedeutet 51241531 154221343122?

4. Winkel- und Kästchencode

Jeder Buchstabe wird in ein „Kästchen" oder einen „Winkel" übersetzt.

So wird zum Beispiel das Wort Mathematik zu ∧⌐⌐∩◻∧⌐⌐⌐>

5. Dominocode

Jeder Buchstabe erhält ein Zeichen, das sich aus dem Schema ablesen lässt.

So wird der Buchstabe a zu ⠄⌋, B wird ⠈⌋ und Q wird ⠤.

Sachrechnen: Textarbeit

Liebe Frederieke,

stell dir vor, wir verbringen dieses Jahr Pfingsten in Ägypten. Wir sind am 20. 5. um 14.00 Uhr Ortszeit hier angekommen. Drei Tage vor dem Abflug hat Papa im Internet eine „Last-minute-Reise" gebucht: Das war ein echtes Schnäppchen. Für Mama und Papa hat es jeweils 298 Euro gekostet, für Dani und mich die Hälfte. Das Hotel ist ziemlich groß. Insgesamt gibt es 220 Zimmer, Einbettzimmer und Zweibettzimmer. Insgesamt sind es 370 Betten. Hier ist auch immer was los, denn ungefähr die Hälfte der Gäste hier sind Kinder.
Einmal habe ich in die Küche geguckt. Du kannst dir gar nicht vorstellen, wie groß die Kochtöpfe sind! Ich will gar nicht daran denken, wie viel kg Kartoffeln geschält werden müssen, wenn nur die Hälfte der Kinder hier abends Pommes essen ...
Hier zahlt man nicht mit Euro, sondern mit Ägyptischen Pfund. Für einen Euro bekommt man ungefähr 8 Pfund. Manches ist hier richtig billig. Ich habe gestern 3 Ketten gekauft, die haben zusammen nur 64 Pfund gekostet.
Wir werden am 27. 5. um 12.40 Uhr Ortszeit hier abfliegen und werden dann gegen 16.25 Uhr Ortszeit in Frankfurt landen. Das sind knapp 5 Stunden Flugzeit (wenn man die Zeitverschiebung beachtet) und das für mehr als 3500 Flugkilometer!
Wenn wir dann den Zug um 17.48 Uhr erwischen, bin ich um 18.17 Uhr schon wieder in Mannheim. Ich werde dich dann gleich anrufen!

Viele Grüße
Sandra

1. Befrage deine Mitschüler. Suche für jede Frage einen anderen Mitschüler. Notiere zu seiner Antwort den Namen. Überprüfe die Antwort.
   a) Wann ist Sandra in Ägypten angekommen?
   b) Wann wird Sandra wieder in Deutschland landen?
   c) Wie viele Zimmer gibt es im Hotel?
   d) Wie viele Betten gibt es im Hotel?
   e) Was haben drei Ketten gekostet?
   f) Ist die Ortszeit in Äpypten eine Stunde früher oder später als in Deutschland?

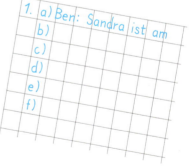

2. Stelle Fragen, die du mit den Angaben im Text berechnen kannst. Löse die Aufgaben. Schreibe die dazugehörige Aufgabe auf, indem du alle unnötigen Informationen im Text weglässt.

Papier

1. Wie viele Gegenstände aus Papier fallen dir in 3 Minuten ein? Schreibe sie auf!

2. Stelle deinen Mitschülern Fragen zu den Texten.
↻ Finde selbst weitere Informationen zum Thema Papier.

Papier wurde vor über 2000 Jahren in China erfunden. Der Name Papier stammt von Papyros. Das ist eine Graspflanze in Nordafrika, aus deren Blättern Papier hergestellt wurde.

Papier wird zum größten Teil aus Holz hergestellt. Jeder fünfte weltweit gefällte Baum wird zur Papierproduktion verwendet.

In Deutschland wird jedes Jahr fast 250 kg Papier pro Person verbraucht. 1950 war es nur ungefähr der 7. Teil.

Aus Altpapier kann Recycling-Papier hergestellt werden. Das spart Rohstoffe, Energie und Wasser.

	Holzstamm	Wasser	Energie
1 kg Papier aus Holzzellstoff	2 kg	250 l	So viel, wie 100 Glühlampen in einer Stunde leuchten.
1 kg Papier aus Altpapier		5 l	So viel, wie 25 Glühlampen in einer Stunde leuchten.

3. Wie viele Blätter sind in einem Paket Kopierpapier? Wie dick ist das Paket? Wie viel wiegt das Paket? Wie viel wiegt 1 Blatt Papier ungefähr?

4. Schätze und überschlage.
↻ Wie viele Schulhefte brauchst du ungefähr in einem Schuljahr?
Wie viele Hefte sind das ungefähr in deiner Klasse, in deiner Schule?
Wie hoch und wie schwer wäre der Stapel, den deine Klasse verbraucht?
Wie viel Holz und Wasser werden dafür benötigt?

5. Papierformate sind genormt. Sie werden als DIN A-Formate angegeben. Ein kleines Schulheft hat das Format DIN A 5, ein großes Schulheft DIN A 4, der große Zeichenblock DIN A 3. Wenn du eine Seite aus dem DIN A 4-Heft halbierst, erhältst du DIN A 5. Wenn du DIN A 5 halbierst, erhältst du DIN A 6.

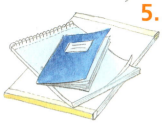

Vervollständige die Tabelle im Heft.
Wie viele A 8, A 7, A 6 …
passen auf die Formate A 0, A 1, A 2, …?

	A 0	A 1	A 2	A 3
A 0	1	–	–	
A 1	2	1	–	
A 2	4	2		
A 3				

6. Selbst aus dünnem Papier kann man eine stabile Brücke bauen. Probiere es aus!
Du brauchst dazu:
– ein paar Blätter Papier
– einen Bleistift
– ein Lineal
– eine Schere

Schneide zunächst Papierstreifen mit 4 cm Breite.

a) Die Balkenbrücke

Unterteile einen Papierstreifen in lauter gleich breite Abschnitte. Markiere jeden vierten Abschnitt mit einer gestrichelten Linie. Falte dann den Papierstreifen im Zickzack. An den durchgestrichelten Linien knickst du das Papier nach oben, an den anderen Linien nach unten. Dann klebst du das Zickzackband mit Klebestreifen zusammen.

b) Die Bogenbrücke

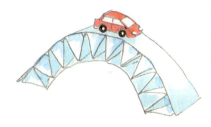

Für die Bogenbrücke musst du jeden vierten Abschnitt des Papierstreifens ein bisschen kleiner machen als die anderen. Die Bogenbrücke ist noch stabiler als die Balkenbrücke.

Mathemix

1. ① ② ③ ④ ⑤ ⑥ ⑦ ⑧ ⑨

2. ① ② ③ ④ ⑤ ⑥ ⑦ ⑧ ⑨

Ergebnis 1000:

3. Subtrahiere die kleinste mögliche Zahl von der größten möglichen Zahl. Rechne immer mit den Ergebnisziffern weiter.

Was fällt dir auf?

4. ① ② ③ ④ ⑤ ⑥ ⑦ ⑧ ⑨

● Benutze alle Plättchen. Die Ergebnisse sind immer gleich.

5. ② ④ ⑥ ⑧ Bilde Aufgaben.

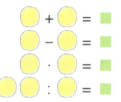

Beispiel:

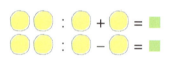

6. Rechne im Kopf.

  1 + ■ = 1000
 12 + ■ = 1000
123 + ■ = 1000
234 + ■ = 1000
345 + ■ = 1000
456 + ■ = 1000
567 + ■ = 1000
678 + ■ = 1000
789 + ■ = 1000

7. Rechne geschickt.

a) 112 + 89 + 88 + 111
   113 + 88 + 87 + 112
   114 + 87 + 86 + 113
   115 + 86 + 85 + 114
   116 + 85 + 84 + 115
   117 + 84 + 83 + 116
   118 + 83 + 82 + 117
   119 + 82 + 81 + 118
   120 + 81 + 80 + 119

b) 104 + 608 + 12 + 36
   205 + 507 + 95 + 33
   306 + 406 + 44 + 24
   407 + 304 + 86 + 13
   508 + 202 + 92 + 98
   609 + 183 + 91 + 17
   710 + 64 + 70 + 36
   811 + 86 + 89 + 14
   912 + 130 + 88 + 70

Mathemix

1. In allen Mauern einer Reihe sind die unteren Zahlen nach der gleichen Regel eingetragen. Finde die Regel. Welche Zahlen stehen jeweils in der letzten Pyramide.

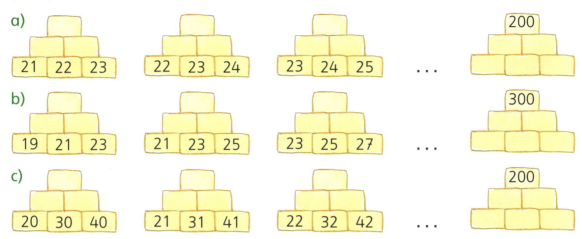

a) 21 22 23 | 22 23 24 | 23 24 25 | ... | 200

b) 19 21 23 | 21 23 25 | 23 25 27 | ... | 300

c) 20 30 40 | 21 31 41 | 22 32 42 | ... | 200

2. Experimentiere und finde heraus, welche Zahlen in dieser Zahlenmauer im obersten Stein stehen können und welche Zahlen garantiert nicht. Begründe.
   a) In der untersten Reihe stehen drei gerade Zahlen.
   b) In der untersten Reihe stehen drei ungerade Zahlen.
   c) In der untersten Reihe stehen drei ungerade Vielfache von 5.
   d) In der untersten Reihe stehen drei aufeinanderfolgende gerade Zahlen.
   e) Wenn man alle Steine in der untersten Reihe verdoppelt (verzehnfacht), dann…

3.

1	2	3	4	5	6	7	8	9	10
11	12	13	14	15	16	17	18	19	20
21	22	23	24	25	26	27	28	29	30
31	32	33	34	35	36	37	38	39	40
41	42	43	44	45					50
51									60
61									70
71									80
81									90
91									100

a) Rechne für verschiedene Dreierstreifen die Summe der drei Zahlen aus.
b) Suche Dreierstreifen mit den Summen 6, 27, 36, 40, 48 und 50.
c) Welches ist die größte Dreiersumme, welches die kleinste?
d) Welche Dreiersumme ist möglichst nahe an 100?
e) Untersuche Viererquadrate.

Zahlen über 1000

1. Wie viele Tausender sind es?

T	H	Z	E
2	4	0	0

zweitausendvierhundert

ZT	T	H	Z	E
2	4	0	0	0

vierundzwanzigtausend

2. Lies die Zahlen und ordne der Größe nach.
   a) 2800, 3600, 6400, 8100, 4500, 7200
   b) 28 000, 36 000, 64 000, 81 000, 45 000, 72 000

3. Bilde eine Addition.
   a) 2800 = 1200 + 1600
        3600 =
   b) 28 000 = 12 000 + 16 000
        36 000 =

4. Bilde eine Subtraktion.
   a) 2800 = 3000 − 200
        3600 =
   b) 28 000 = 30 000 − 2000
        36 000 =

5. Bilde eine Multiplikation.
   a) 2800 = 4 · 700
        3600 =
   b) 28 000 = 4 · 7000
        36 000 =

6. Zerlege jede Zahl.
   a) 2800
   b) 28 000

7. Setze die Folgen fort.
   a) 1200, 1400, ..., 4000
   b) 900, 1100, ..., 3100
   c) 2050, 2100, ..., 3000

8. Ordne in die Stellentafel.
   a) 3 H   6 T   4 E   5 Z
   b) 2 E   1 T   4 H   3 ZT
   c) 5 H   1 ZT   3 Z   1 T

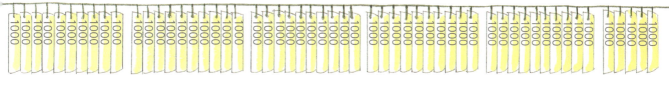

HT	ZT	T	H	Z	E
2	4	0	0	0	0

zweihundertvierzigtausend

zwei Millionen

c) 280 000, 360 000, 640 000, 810 000, 450 000, 720 000

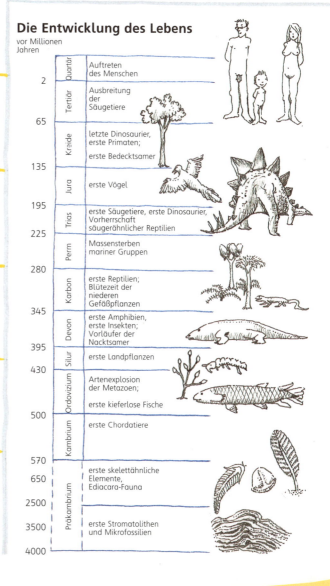

Die Entwicklung des Lebens
vor Millionen Jahren

c) 280 000 = 120 000 + 160 000
360 000 =

c) 280 000 = 300 000 − 20 000
360 000 =

c) 280 000 = 4 · 70 000
360 000 =

c)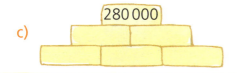

9. Zahlendiktat: Schreibe eine große Zahl auf, diktiere sie einem Partner und vergleicht.

Mathematik ist überall

Merkwürdige Zeichen
Wie ist die Regel?
5□4 = 21, 2□5 = 11
3□4 = 13, 7□2 = 15
Und was ist hiermit?
5◇3 = 19, 8◇2 = 20
6◇1 = 10, 7◇3 = 25

5 ◇ 3 = 19
8 ◇ 2 = 20
□ 2 = 15
5 □ 4 = 21

Hier stellen die Indianer Figuren her, die sich auf den Kopf stellen lassen. Welche kannst du bauen?

STAMM IKATHEU

Teile das Ziffernblatt mit 2 Geraden so in drei Teile, dass die Summe in den Teilen gleich ist.

Stoffmuster
Welche Farbe hat das 70. Teil? Das 100. Teil?
Die Indianerfrau will ein Muster entwerfen, bei dem das 100. Teil rot ist und das 1000. Teil blau.

24   24

Welche Zahl lässt bei Division
durch 3 den Rest 1,
durch 4 den Rest 2,
durch 5 den Rest 3 und
durch 6 den Rest 4?

13
11
5
3
2

Was ist die kleinste Anzahl von Pfeilen, damit du genau 150 Punkte erreichst?
Und 180 Punkte?

Das Mauseloch
Die Katze sitzt vor den Mauselöchern. „Die Präriemaus ist in dem 500. Loch", sagt der Indianer. „Quatsch, da sind nur 5 Löcher", antwortet die Katze, „hinter welchem ist sie?" „Du musst hin- und herzählen, so

○ ○ ○ ○ ○
1 2 3 4 5
9 8 7 6
10 11 12 13
... 14

Hinter dem 500. Loch hat sie sich versteckt!"

Der Schleifenmacher
1. Beginne mit einer Zahl kleiner als 40.
2. Multipliziere den Einer mit 4 und addiere die Zehnerziffer, z. B.
   25 → 4 · 5 + 2 = 22
3. Mache das Gleiche mit der neuen Zahl.
Wann bilden sich Schleifen?
Was passiert, wenn du die Regel änderst und statt mit 4 mit einer anderen Zahl multiplizierst?

Viele Aufgaben finden.
Mögliches und Unmögliches herausfinden.

Rechnen

Addition – addieren
3 + 4 = 7
Summand Summand Summe

Subtraktion – subtrahieren
7 − 4 = 3
Minuend Subrahend Differenz

Multiplikation – multiplizieren
3 · 4 = 12
Faktor Faktor Produkt

Division – dividieren
12 : 4 = 3
Dividend Divisor Quotient

+ plus	= gleich	5 = 5
− minus	> größer als	15 > 10
· mal	< kleiner als	5 < 10
: geteilt durch	≈ ungefähr	99 ≈ 100

Strategiezeichen

	vor – zurück	365 + 99 = 365 + 100 − 1
	zurück – vor	365 − 99 = 365 − 100 + 1
HZE	Hunderter – Zehner – Einer	365 + 199 = 365 + 100 + 90 + 9
	Ergänzen	365 + ▢ = 464
	Autobahn	365 + 365 = 365 + 35 + 300 + 30

Besondere Zahlen

Quersumme: 135 → 1 + 3 + 5 = 9

Quadratzahl: 1 · 1 = 1, 2 · 2 = 4, 3 · 3 = 9 …

Primzahl: Zahl außer 1, die nur durch 1 und sich selbst teilbar ist, z. B. 2, 3, 5, 7, …